U0270823

高职高专"十三五"规划教材

机电设备管理技术

宋艳杰　主编

郭砚荣　王　欣　副主编

化学工业出版社

·北京·

本书针对高等职业教育的特点和培养目标，从选材到内容结构上的安排力求既简明、实用，又系统、全面，更加符合高等职业教育的需求。在内容编配上结合企业设备管理的实践工作，更加贴近实际，在内容选择上，除了介绍我国设备管理的传统方法和有益管理经验之外，还介绍了现代管理方法在设备管理中的应用，使读者通过本书了解到现代化设备管理的知识和发展趋势。

本书可作为高职高专机电类等专业的教材，也可作为机电设备管理人员的工具书。

图书在版编目（CIP）数据

机电设备管理技术/宋艳杰主编. —北京：化学工业出版社，2018.3（2023.2重印）
高职高专"十三五"规划教材
ISBN 978-7-122-31326-3

Ⅰ.①机…　Ⅱ.①宋…　Ⅲ.①机电设备-设备管理-高等职业教育-教材　Ⅳ.①TM

中国版本图书馆 CIP 数据核字（2018）第 002692 号

责任编辑：韩庆利　　　　　　　　　　文字编辑：张绪瑞
责任校对：边　涛　　　　　　　　　　装帧设计：刘丽华

出版发行：化学工业出版社（北京市东城区青年湖南街 13 号　邮政编码 100011）
印　　装：北京科印技术咨询服务有限公司数码印刷分部
787mm×1092mm　1/16　印张 10½　字数 256 千字　2023 年 2 月北京第 1 版第 3 次印刷

购书咨询：010-64518888　　　　　　售后服务：010-64518899
网　　址：http://www.cip.com.cn
凡购买本书，如有缺损质量问题，本社销售中心负责调换。

定　　价：29.00 元

前言
FOREWORD

设备管理工作是企业的关键工作之一，它对企业的生产和经济效益有着重要的影响，因此，设备管理工作成为企业的一个重要课题。尤其是近年来，随着我国经济体制和国有企业改革取得重大进展，新的形势下对企业的设备管理工作提出了新的要求，这就要求我们在新的实践中不断完善设备管理学科的内容。

作为一名管理者，必须重视现代设备管理在企业中的重要性，通过正确的设备管理，充分发挥设备的潜力和效能，为企业创造最佳的经济效益和社会效益。

本书针对高等职业教育的特点和培养目标，从选材到内容结构上的安排力求既简明、实用，又系统、全面，更加符合高等职业教育的需求。在内容编配上结合企业设备管理的实践工作，更加贴近实际，在内容选择上，除了介绍我国设备管理的传统方法和有益管理经验之外，还介绍了现代管理方法在设备管理中的应用，使读者通过本书了解到现代化设备管理的知识和发展趋势。

本书由宋艳杰任主编，郭砚荣和王欣任副主编，陈玉球、沈印参编。具体编写章节分工如下：宋艳杰编写了第2~6章；郭砚荣编写了第9章、第10章；王欣编写了第1章；陈玉球、沈印编写了第7章、第8章。

本书配套电子课件，可免费送给选用本书作为授课教材的院校和老师，如果需要可登录www.cipedu.com.cn下载。

由于编者水平有限，经验不足，书中难免存在不当之处，恳请读者提出宝贵意见。

编　者

目录
CONTENTS

◎ 第5章　设备的检修

80

第1章 概述

1.1 设备与设备管理概念

1.1.1 设备概念

设备是企业的主要生产工具，也是企业现代化水平的重要标志。对于一个国家来说，设备既是发展国民经济的物质技术基础，又是衡量社会发展水平与物质文明程度的重要尺度。

设备是固定资产的重要组成部分。在国外，设备工程学把设备定义为"有形固定资产的总称"，它把一切列入固定资产的劳动资料，如土地、建筑物（厂房、仓库等）、构筑物（水池、码头、围墙、道路等）、机器（工作机械、运输机械等）、装置（容器、蒸馏塔、热交换器等），以及车辆、船舶、工具等都包括在其中了。在我国，只把直接或间接参与改变劳动对象的形态和性质的物质资料才看作设备。一般认为，设备是人们在生产或生活上所需要的机械、装置和设施等可供长期使用，并在使用中基本保持原有实物形态的物质资料。

（1）设备在现代工业企业的生产经营活动中居于极其重要的地位

① 机器设备是现代企业的物质技术基础。机器设备是现代企业进行生产活动的物质技术基础，也是企业生产力发展水平与企业现代化程度的主要标志。没有机器设备就没有现代化的大生产，也就没有现代化的企业。

② 设备是企业固定资产的主体。企业是自主经营、自负盈亏、独立核算的商品生产和经营单位。生产经营是"将本就利"，这个"本"就是企业所拥有的固定资产和流动资金。在企业的固定资产总额中，机器设备的价值所占的比例最大，一般都在$60\%\sim70\%$。而且随着机器设备的技术含量与技术水平日益提高，现代设备既是技术密集型的生产工具，也是资金密集型的社会财富。设计制造或者购置现代设备费用的增加，不仅会带来企业固定资产总额的增加，还会继续增大机器设备在固定资产总额中的比重。设备的价值是企业资本的"大头"，对企业的兴衰关系重大。

③ 机器设备涉及企业生产经营活动的全局。企业作为商品的生产、经营单位，必须树立市场观念、质量观念、时间观念、效益观念，以适销对路、物美价廉的产品赢得用户，占领市场，才能取得良好的经济效益，求得企业的生存和发展。在企业从产品市场调查、组织生产、经营销售的管理循环过程中，机器设备处于十分重要的地位，影响着企业生产经营活动的全局。首先，在市场调查、产品决策的阶段，就必须充分考虑企业本身所具备的基本生产条件。否则，无论商品在市场上多么紧俏利大，企业也无法进行生产并供应市场。其次，

质量是企业的生命，成批生产产品的质量必须靠精良的设备和有效的检测仪器来保证和控制。产品产量的高低、交货能否及时，很大程度上取决于机器设备的技术状态及其性能的发挥。同时，机器设备对生产过程中原材料和能源的消耗也关系极大，因而直接影响产品的成本和销售利润，以及企业在市场上的竞争能力。此外，设备还是影响生产安全、环境保护的主要因素，并对操作者的劳动情绪有着不可忽视的影响。可见，设备和现代企业的产品质量、产量、交货期、成本、效益以及安全环保、劳动情绪都有着密切的关系，是影响企业生产经营全局的重要因素。

④ 提高设备的技术水平是企业技术进步的一项主要内容。先进的科学技术和先进的经营管理是推动现代经济高速发展的两个车轮，缺一不可，这已是人们的共识。企业的技术进步主要表现在产品开发、升级换代、生产工艺技术的革新进步，生产设备的技术更新、改造以及人员技术素质、管理水平的提高。其中，设备的技术改造和技术更新尤为重要。因为高新技术产品的研制、开发，离不了必要的先进实验设备和测试仪器；新一代的生产工艺技术常常是凝结在新一代机器设备之中，两者不可分割。因此，企业必须十分重视提高机器设备的技术水平，把改善和提高企业技术装备的素质，作为实现企业技术进步的主要内容。

(2) 现代设备正在向着大型化、高速化、精密化、电子化、自动化等方向发展

① 大型化指设备的容量、规模、能力越来越大。比如，石油化工工业中的合成氨设备，20 世纪 50 年代的装置年产量只有 5 万～6 万吨，20 世纪 80 年代国内已建成年产 30 万吨的合成氨装置，国外发展到了 60 万吨以上；目前我国已建成年产高达 135 万吨的合成氨装置。

冶金工业中，日本新日铁最大高炉容积为 $5575m^3$；德国蒂森钢厂的最大转炉容积为 $5513m^3$；而我国沙钢的高炉容积高达 $5860m^3$。

发电设备中，目前，国内火电设备单机容量高达 110 万千瓦；水电方面，向家坝水电站单机容量高达 81.2 万千瓦。

② 高速化指设备的运转速度、运行速度、运算速度大大加快，从而使生产效率显著提高。比如，纺织工业，国产气流纺纱机的转速已达到 $10×10^4 r/min$，而德国绪森公司 SC-2M 型纺纱机转速可达 $11×10^4 r/min$；又如电子计算机，我国"神威·太湖之光"的运算速度高达 12.5 亿亿次/秒，运算速度居世界第一，速度最高达到了 90 亿次/s。

③ 精密化指设备的工作精度越来越高。比如机械制造工业中的金属切削加工设备，20 世纪 50 年代精密加工的精度为 $1μm$，20 世纪 80 年代提高到了 $0.05μm$，到 21 世纪初，又比 20 世纪 80 年代提高了 4～5 倍。现在，主轴的回转精度达 $0.02～0.05μm$，加工零件圆度误差小于 $0.1μm$，表面粗糙度小于 $0.003μm$ 的精度机床已在生产中得到使用。

④ 电子化。由于微电子科学、自动控制与计算机科学的高速发展，已引起了机器设备的巨大变革，出现了以机电一体化为特色的崭新一代设备，如数控机床、加工中心、机器人、柔性制造系统等。它们可以把车、铣、钻、镗、铰等不同工序集中在一台机床上自动顺序完成，易于快速调整，适应多品种、小批量的市场要求；或者能在高温、高压、高真空等特殊环境中，无人直接参与的情况下准确地完成规定的动作。

⑤ 自动化。自动化不仅可以实现各生产线工序的自动顺序进行，还能实现对产品的自动控制、清理、包装、设备工作状态的实时监测、报警、反馈处理。在我国，一汽、二汽已拥有锻件、铸件生产自动线及发动机机匣零件加工自动线多条；家电工业中有电路板装配焊接自动线；港口码头有散装货物（谷物、煤炭等）装卸自动线。

以上情况表明，现代设备为了适应现代经济发展的需要，广泛地应用现代科技技术成果，正在向着性能更高级、技术更加综合、结构更加复杂、作业更加连续、工作更加可靠的方向发展，为经济繁荣、社会进步提供了更强大的创造物质财富能力。

现代设备的出现，给企业和社会带来了很多好处，如提高产品质量，增加产品和品种，减少原材料消耗，充分利用生产资源，减轻工人劳动强度等等，从而创造了巨大的财富，取得了良好的经济效益。

（3）现代设备也给企业和社会带来一系列新问题

① 购置设备需要大量投资。由于现代设备技术先进、性能高级、结构复杂、设备和制造费用很高，故设备投资费用的数额巨大。现在，大型、精密设备的价格一般都达数十万元之多，进口的先进、高级设备价格更加昂贵，有的高达数百万美元。比如上海宝山钢铁厂的一期建设工程，年产铁300万吨，钢320万吨，需要投资160亿元。在现代企业里，设备投资一般要占固定资产总额的60%～70%，成为企业建设投资的主要开支项目。

② 维持设备正常运转也需要大量投资。购置设备后，为了维持设备正常运转，发挥设备效能，在设备的长期使用过程中还需要不断地投入大量资金。首先是现代设备的能源、资源消耗量大，支出的能耗费用高。其次，进行必要的设备维护保养、检查修理也需要支出一笔为数不小的费用。

③ 发生故障停机，经济损失巨大。由于现代设备的工作容量大、生产效率高、作业连续性强，一旦发生故障停机，造成生产中断，就会带来巨额的经济损失。

④ 一旦发生事故，将会带来严重后果。现代设备往往是在高速、高负荷、高温、高压状态下运行，设备承受的应力大，设备的磨损、腐蚀也大大增加。一旦发生事故，极易造成设备损坏、人员伤亡、环境污染，导致灾难性的后果。

⑤ 设备的社会化程度越来越高。由于现代设备融汇的科学技术成果越来越多，涉及的科学知识门类越来越广，单靠某一学科的知识无法解决现代设备的重大技术问题。而且由于设备技术先进、结构复杂，零部件的品种、数量繁多，设备从研究、设计、制造、安装调试到使用、维修、改造、报废，各个环节往往要涉及不同行业的许多单位、企业。这就是说，现代设备的社会化程度越来越高了。改善设备性能，提高素质，优化设备效能，发挥设备投资效益，不仅需要企业内部有关部门的共同努力，而且也需要社会上有关行业、企业的协作配合。设备工程已经成为一项社会系统工程。

1.1.2 设备管理的概念

设备管理伴随近代工业生产的出现而诞生，随着现代工业制造业的发展而发展，大体经历了三个阶段。今天所说的设备管理，是指以设备为研究对象，追求设备综合效率与寿命周期费用的经济性，应用一系列理论、方法，通过一系列技术、经济、组织措施，对设备的物质运动和价值运动进行全过程（从规划、设计、制造、选型、购置、安装、使用、维修、改造、报废直至更新）的科学管理。这是一个宏观的设备管理概念，涉及政府经济部门、设备设计研究单位、制造工厂、使用部门和有关的社会经济团体，包括了设备全过程中的计划、组织、协调、控制、决策等工作。

对于工业交通企业来说，设备管理是企业整个经营管理中的一个重要组成部分。它的任务是以良好的设备效率和投资效果来保证企业生产经营目标的实现，取得最佳的经济效果和社会效益。

谈到设备管理，常会遇到设备工程这个名词，它的含义是什么？在国外，设备工程是指为了有效地发挥设备效能，提高企业的生产效率和经济效益而对设备进行设计、选型、维修、改进等各种技术活动和管理活动的总和。也就是说，设备工程是现代设备管理的同义语。根据设备所处的不同阶段，设备工程可以分为设备规划工程和设备维修工程。前者是指设备诞生之前（即前半生）的管理，包括设备的规划、设计、制造；后者是指设备诞生之后（即后半生）的管理，包括设备的购置、安装、使用、维修、改造等。设备规划工程和维修工程，都包括技术和经济两个侧面的管理。

（1）设备管理的作用

① 设备管理是企业生产经营管理的基础工作。现代企业依靠机器和机器体系进行生产，生产中各个环节和工序要求严格地衔接、配合。生产过程的连续性和均衡性主要靠机器设备的正常运转来保持。设备在长期使用中的技术性能逐渐恶化（比如运转速度降低）就会影响生产定额的完成；一旦出现故障停机，更会造成某些环节中断，甚至引起生产线停顿。因此，只有加强设备管理，正确地操作使用，精心地维护保养，进行设备的状态监测，科学地修理改造，保持设备处于良好的技术状态，才能保证生产连续、稳定地运行。反之，如果忽视设备管理，放松维护、检查、修理、改造，导致设备技术状态严重恶化、带病运转，必然故障频繁，无法按时完成生产计划、如期交货。

② 设备管理是企业产品质量的保证。产品质量是企业的生命，竞争的支柱。产品是通过机器生产出来的，如果生产设备特别是关键设备的技术状态不良，严重失修，必然造成产品质量下降甚至废品成堆。加强企业质量管理，就必须同时加强设备管理。

③ 设备管理是提高企业经济效益的重要途径。企业要想获得良好的经济效益，必须适应市场需要，产品物美价廉。不仅产品的高产优质有赖于设备，而且产品原材料、能源的消耗、维修费用的摊销都和设备直接相关。这就是说，设备管理既影响企业的产出（产量、质量），又影响企业的投入（产品成本），因而是影响企业经济效益的重要因素。一些有识的企业家提出"向设备要产量、要质量、要效益"，的确是很有见地的，因为加强设备管理是挖掘企业生产潜力、提高经济效益的重要途径。

④ 设备管理是搞好安全生产和环境保护的前提。设备技术落后和管理不善，是发生设备故事和人身伤害的重要原因，也是排放有毒、有害的气体、液体、粉尘，污染环境的重要原因。消除事故、净化环境，是人类生存、社会发展的长远利益所在。发展经济，必须重视设备管理，为安全生产和环境保护创造良好的前提。

⑤ 设备管理是企业长远发展的重要条件。科学技术进步是推动经济发展的主要动力。企业的科技进步主要表现在产品的开发、生产工艺的革新和生产装备技术水平的提高上。企业要在激烈的市场竞争中求得生存和发展，需要不断采用新技术，开发新产品。一方面，"生产一代，试制一代，预研一代"；另一方面，要抓住时机迅速投产，形成批量，占领市场。这些都要求加强设备管理，推动生产装备的技术进步，以先进的试验研究装置和检测设备来保证新产品的开发和生产，实现企业的长远发展目标。

由此可知，设备管理不仅直接影响企业当前的生产经营，而且关系着企业的长远发展和成败兴衰。

（2）设备管理的特点

设备管理除了具有一般管理的共同特征外，与企业的其他专业管理比较，还有以下一些特点。

① 技术性。作为企业的主要生产手段，设备是物化了的科学技术，是现代科技的物质载体。因此，设备管理必然具有很强的技术性。首先，设备管理包含了机械、电子、液压、光学、计算机等许多方面的科学技术知识，缺乏这些知识就无法合理地设计制造或选购设备；其次，正确地使用、维修这些设备，还需要掌握状态监测和诊断技术、可靠性工程、摩擦磨损理论、表面工程、修复技术等专业知识。可见，设备管理需要工程技术作为基础，不懂技术就无法搞好设备管理工作。

② 综合性。设备管理的综合性表现在以下几点。

a. 现代设备，包括多种专门技术知识，是多门科学技术的综合应用。

b. 设备管理的内容是工程技术、经济财务、组织管理三者的综合。

c. 为了获得设备的最佳经济效益，必须实行全过程管理，它是对设备一生各阶段管理的综合。

d. 设备管理涉及物资准备、设计制造、计划调度、劳动组织、质量控制、经济核算等许多方面的业务，汇集了企业多项专业管理的内容。

③ 随机性。许多设备故障具有随机性，使得设备维修及其管理也带有随机性质。为了减少突发故障给企业生产经营带来的损失和干扰，设备管理必须具备应付突发故障，承担意外突发任务的应变能力。这就要求设备管理部门信息渠道畅通，器材准备充分，组织严密，指挥灵活；人员作风过硬，业务技术精通；能够随时为现场提供服务，为生产排忧解难。

④ 全面性。现代企业管理强调应用行为科学调动广大职工参加管理的积极性，实行以人为中心的管理。设备管理的综合性更加迫切需要全员参与，只有建立从厂长到第一线工人都参加的企业全员设备管理体系，实行专业管理与群众管理相结合，才能真正搞好设备管理工作。

1.1.3 机电设备管理的发展

新中国成立以后，在设备管理方面，基本上是学习前苏联的工业管理体系，照抄、照搬了不少规章制度；也引进了总机械师、总动力师的组织编制。不考虑国情生搬式的管理带来了一些弊病和负面影响。从 20 世纪 50 年代末期至 60 年代中期，中国的设备管理工作进入一个自主探索和改进阶段。比如修订了大修理管理办法；简化了设备事故管理办法；改进了计划预修制度；采取了较为合适各厂具体情况的检修体制；实行包机制、巡回检查制和设备评级活动等，使设备管理制度比较适合我国具体情况。改革开放以后，建立、健全了各级责任制和规章制度，建立并充实了各级管理机构，充实完善了部分基础资料。随着改革开放的深入，中国的设备管理也进入了一个新的发展阶段，国外的"设备子综合工程学"、"全员修理"、"后勤工程学"和"计划预修制度"的新发展，给以启发和促进作用，加速了中国设备管理科学大发展。

在我国，尽管目前不少企业开始对 TPM 感兴趣，并导入这个管理模式，但是真正做得好、推进彻底的企业并不多，原因很多，归根结底就是企业的最高管理者是否真正渴求TPM。我国著名学者李葆文于 1998 年提出 TNPM（total normalized production mainte-nance）概念，即全面规范化生产维修模式，强调建立规范、实施规范和革新规范。规范就是让企业从"人治"走向"法治"。著名的联想集团就是用非常完善、近乎繁复的制度和规范来保证企业精准运行的。联想建立规范的做法是："有规则就要严格按照规范做；工作不好的也要先按照规则办，然后提出修改意见；没有规则的就要在事情做完后整理出规则。制度规范的出台都有一定之规，制度怎么写都有制度"。TNPM 以不断规范的方式，克服企业员工做事的任意性，管理决策的随意性和企业运作的不定性，逐步养成 TPM 的风格和习惯，建立起适合中国环境的 TPM。

1.2 设备管理的范围和内容

1.2.1 设备管理的范围

一般所指的设备就是有形固定资产的总称，是设备的广义定义，包括一切列入固定资产的劳动资料。在企业管理工作中所指的设备，必须符合以下两个条件。

① 是用以直接开采自然财富或把自然财富加工成为社会必需品的劳动资料。例如化工企业的设备塔、换热设备、反应设备等。

② 符合固定资产应具备的条件。根据中国财政部规定，一般应同时具备以下两个条件的劳动资料才能列为固定资产：使用年限在一年以上；单位价值在一定限额以上。在限额以下的劳动资料，如工具、器具等，由于品种复杂，消耗较快只能作为低值易耗品，不能算作固定资产。这里所讨论的设备是指符合固定资产条件的，能够将直接投入的劳动对象加以处理加工，使之转化为预期产品的设备，以及维持这些设备正常运转的附属装置。

在研究设备管理时，所讨论的设备不仅是属于固定资产的设备，也包括非固定资产设备。例如一台压缩机，当它处于制造、装配和试验阶段时是压缩机制造厂的劳动对象，而入库后待销售的压缩机是产品，直到使用单位将压缩机安装移交生产后才算作固定资产。但无论哪一种状态都在设备管理的范围之内。

大型综合性企业，拥有成千上万种设备，设备管理工作范围也很广。主要是生产、运输、化验、科研等系统用的设备。包括工艺生产设备，如塔（精馏塔、合成塔）、炉（加热炉、裂解炉）、釜（反应釜、聚合釜）、机（压缩机、分离机）、泵（离心泵、真空泵）等；机修设备，如机床（车床、铣床、磨床等）；采暖通风设备；动力设备，如锅炉、给排水装置、变压器等；运输设备，如机车、汽车、桥式起重机、电梯等；传导设备，如管网、电缆等；以及化验、科研用的设备。此外还有生活用设备，如生活用建筑物、炊事机械、医疗器具等。

1.2.2 设备管理的内容

设备管理的内容，包括设备物质运动形态的管理和设备价值运动形态的管理。企业设备物质运动形态的管理是指设备的选型、购置、安装、调试、验收、使用、维护、修理、更新、改造、直到报废；对企业的自制设备还包括设备的调研、设计、制造等全过程的管理。不管自制设备还是外购设备，企业有责任把设备后半生管理的信息反馈给设计制造部门。同时，制造部门也应及时向使用部门提供各种改进资料，做到对设备实现从无到有到应用于生产的一生的管理。

企业设备价值运动形态的管理是指从设备的投资决策、自制费、维护费、修理费、折旧费、占用税、更新改造资金的筹措到支出，实行企业设备的经济管理，使其设备一生总费用最经济。前者一般叫做设备的技术管理，由设备主管部门承担；后者叫做设备的经济管理，由财务部门承担。将这两种形态的管理结合起来，贯穿设备管理的全过程，即设备综合管理。设备综合管理有如下几个方面内容。

（1）设备的综合购置

设备的购置主要依据技术上先进、经济上合理、生产上可行的原则。一般应从以下几个方面进行考虑，合理购置。

① 设备的效率，如功效、行程、速度等。

② 从精度、性能的保持性、零件的耐用性、安全可靠性。

③ 可维修性。

④ 耐用性。

⑤ 节能性。

⑥ 环保性。

⑦ 成套性。

⑧ 灵活性。

（2）设备的正确使用与维护

若将安装调试好的机器设备，投入生产使用中，机器设备若能被合理使用，可大大减少设备的磨损和故障。保持良好的工作性能和应有的精度，严格执行有关规章制度，防止超负荷、拼设备现象发生，使全员参加设备管理工作。

设备在使用过程中，会有松动、干摩擦、异常响声、疲劳等，应及时检查处理，防止设备过早磨损，确保在使用时设备台台完好、处在良好的技术状态之中。

（3）设备的检查与修理

设备检查时，对机器设备的运行情况、工作精度、磨损程度进行检查和校验。通过修理和更换磨损、腐蚀的零部件，使设备的效能得到恢复。只有通过检查，才能确定采用什么样的维修方式，并能及时消除隐患。

（4）设备的更新改造

应做到有计划、有重点地对现有的设备进行改造和更新。包括设备更新规划与方案的编制、筹措更新改造资金、选购和评价新设备、合理处理老设备等。

（5）设备的安全经济运行

要使设备安全经济运行，就必须严格执行运行规程，加强巡回检查、防止并杜绝设备的跑、冒、滴、漏，做好节能工作。对于锅炉、压力容器、压力管道与防爆设备，应严格按照国家颁发的有关规定进行使用，定期检测与维修。水、气、电、蒸汽的生产与使用，应制定各类消耗定额，严格进行经济核算。

（6）生产组织方面

合理组织生产，按设备的操作规程进行操作，禁止违章操作，以防设备的损坏和安全事故的发生。

1.3　我国设备管理制度

1996 年，国家经济贸易委员会发布了《"九五"全国设备管理工作纲要》，提出在继续贯彻《设备管理条例》的基础上，适应市场经济体制和经济增长方式的根本转变和提高经济效益的要求，加强法制建设，提高企业设备技术装备水平，推进设备管理现代化。该纲要适时地提出了新时期设备管理工作的主要目标和基本任务。

目前，设备管理协会在原有《设备管理条例》的基础上，组织专家制定了《中华人民共和国设备管理条例》（征求意见稿），该条例涵盖了设备的使用管理、资产管理、设备安全运行管理、节约能源、环境保护、设备资源市场以及注册设备工程师和法律责任等内容。新的条例将对进一步规范设备管理活动，提高设备管理现代化水平，保证设备安全经济运行，促进国民经济持续发展起积极的作用。

1.3.1 设备管理的方针

《设备管理条例》规定："企业设备管理，应当依靠技术进步、促使生产发展和以预防为主"。这是我国设备管理的三条方针。

（1）设备管理要坚持"依靠技术进步"的方针

设备是技术的载体，只有不断用先进的科学技术成果注入设备，提高设备的技术水平，才能保证企业生产经营目标的实现，保持企业持久发展的能力。

改革开放以来，我国设备管理工作由于坚持了这个方针，在设备管理与维修工作中突破了原样修复的老框框，树立起修理、改造与更新相结合的新概念，促进了企业装备素质的提高和生产力的发展。

设备管理依靠技术进步，首先，要提高设备本身的技术素质。一方面要用技术先进的设备替换技术落后的陈旧设备，实行技术更新；另一方面，要采用新技术对现有设备进行技术改造，提高技术水平，延长技术寿命。其次，在提高设备技术水平的同时，还要重视教育培训，不断提高设备管理人员的技术水平与业务能力，采用先进的管理方法和维修技术，状态监测和诊断技术，不断提高设备管理和维修的现代化水平。

（2）设备管理要贯彻"促进生产发展"的方针

设备管理工作的根本目的在于保护和发展社会生产力，为发展生产、繁荣社会主义经济服务。因此，《设备管理条例》把"促进生产发展"规定为设备管理工作的基本方针之一。

坚持这个方针，就要正确处理企业生产与设备管理之间的辩证关系，它们之间基本上是统一的，但有时会发生矛盾。例如，安排设备的维修要占用生产时间，暂时减少产量与产值。这时，生产与设备维修之间出现了矛盾。但如果不及时进行必要的设备维修，甚至采用"驴不死不下磨"的做法，必将酿成设备事故，使生产陷于瘫痪，甚至造成不可弥补的损失，这是两者矛盾的激化。

因此，企业负责人和生产经营部门必须提高认识，把设备管理工作放在重要地位，在安排、检查生产计划同时，要安排检查设备维护、检修计划，自觉维护设备完好、提高装备的技术素质。尤其注意，所谓为发展生产服务，不仅是完成当前的生产经营计划服务，而更要重视企业所拥有的资产保值、增值、提高技术水平，保持"后劲"，为企业的长远发展目标服务。可见，那种放松设备管理，忽视设备维修，甚至"杀鸡取卵"式的拼设备短期行为，显然是十分有害的。

（3）设备管理要执行"预防为主"的方针

"预防为主"的早期含义，是指在设备维护和检修并重中以预防为主。在当今推行设备综合管理的条件下，预防为主已被赋予了新的含义，发展成为贯穿设备一生的指导方针。

一方面，对于使用设备的企业及其主管部门，在设备管理工作中要树立"预先防止"、"防重于治"的指导思想，在购置设备阶段就要注重设备的可靠性与维修性。在使用中严格遵守设备操作规程，加强日常维护，防止设备非正常劣化；开展预防性的定期检查、试验和设备状态管理,掌握设备故障征兆与发展趋势,及时制定有效的维修对策,尽可能地把无计划的事后修理变为有计划的预防性修理,消灭隐患、减少意外停机,充分发挥设备效能。

另一方面,对于设备设计制造企业及其主管部门,要主动做好设备的售后反馈,改进设备的设计性能和制造质量。在新设备研制中充分考虑可靠性与维修性,实行"维修预防";对于某些产品,则可向"无维修设计"的更高目标努力。

1.3.2 设备管理的基本原则

(1)设计、制造与使用相结合

设计、制造与使用相结合的原则是为克服设计制造与使用脱节的弊端而提出来的。这也是应用系统论对设备进行全过程管理的基本要求。

从技术上看,设计制造阶段决定了设备的性能、结构、可靠性与维修性的优劣;从经济上看,设计制造阶段决定了设备寿命周期费用的90%以上,只有从设计、制造阶段抓起,从设备一生着眼,实行设计、制造与使用相结合,才能达到设备管理的最终目标——在使用阶段充分发挥设备效能,创造良好的经济效益。

贯彻设计、制造与使用相结合的原则,需要设备设计制造企业与使用企业的共同努力。对于设计制造单位来说,应该充分研究调查,从使用要求出发为用户提供先进、高效、经济、可靠的设备,并帮助用户正确使用、维修、做好设备的售后服务工作。对于使用单位来说,应该充分掌握设备性能,合理使用、维修、及时反馈信息,帮助制造企业改进设计,提高质量。实现设计、制造与使用相结合,主要工作在基层单位,但它涉及不同的企业、行业,因而难度较大,需要政府主管部门与社会力量的支持与推动,至于企业的自制专用设备,只涉及企业内部的有关部门,结合的条件更加有利,理应做得更好。

(2)维护与计划检修相结合

这是贯彻"预防为主"、保持设备良好技术状态的主要手段。加强日常维护,定期进行检查、润滑、调整、防腐,可以有效地保持设备功能,保证设备安全运行,延长使用寿命,减少修理工作量。但是维护只能延缓磨损、减少故障,不能消除磨损,根除故障。因此,还需要合理安排计划检修(预防性修理),这样不仅可以及时恢复设备功能,而且还可为日常维护保养创造良好条件,减少维护工作量。

(3)修理、改造与更新相结合

这是提高企业装备素质的有效途径,也是依靠技术进步方针的体现。

在一定条件下,修理能够恢复设备在使用中局部丧失的功能,补偿设备的有形磨损,它具有时间短、费用省、比较经济合理的优点。但是如果长期原样恢复,将会阻碍设备的技术进步,而且使修理费用大量增加。设备技术改造是采用新技术来提高现有设备的技术水平,设备更新则是用技术先进的新设备替换原有的陈旧设备。通过设备更新和技术改造,能够补偿设备的无形磨损,提高技术装备的素质,推进企业的技术进步。因此,企业设备管理工作不能只搞修理,而应坚持修理、改造与更新相结合。

许多企业结合提高质量、发展品种、扩大产量、治理环境等目标,通过"修改结合"、"修中有改"等方式,有计划地对设备进行技术改造和更新,逐步改变了企业的设备状况,取得了良好的经济效益。

(4)专业管理与群众管理相结合

专业管理与群众管理相结合,这是我国设备管理的成功经验,应予继承和发扬。首先,专业管理与群众管理相结合有利于调动企业全体职工当家作主，参与企业设备管理的积极性。只有广大职工都能自觉地爱护设备、关心设备，才能真正把设备管理搞好，充分发挥设备效能，创造更多的财富。

其次，设备管理是一项综合工程，涉及的技术复杂——机械、电子、电气、化工、仪表等；环节长——从设计制造、安装调试、使用维修到改造更新；部门多——牵涉到计划、财务、供应、基建、生产、工艺、质量等部门；人员广——涉及广大操作工、维修工、技术人员、管理干部等。必须既有合理分工的专业管理，又有广大职工积极参与的群众管理，两者相互补充，才能收到良好的成效。

（5）技术管理与经济管理相结合

设备存在物质形态与价值形态两种运动。针对这两种形态的运动而进行的技术管理和经济管理是设备管理不可分割的两个侧面，也是提高设备综合效益的重要途径。

技术管理的目的在于保持设备技术状态完好，不断提高它的技术素质，从而获得最好的设备输出（产量、质量、成本、交货期等）；经济管理的目的在于追求寿命周期费用的经济性。技术管理与经济管理相结合，就能保证设备取得最佳的综合效益。

1.3.3 设备综合管理

设备综合管理既是一种现代设备管理思想，也是一种现代设备管理模式。这种管理思想自英国人丹尼斯·帕克斯在关于设备综合工程学的论文中提出后，引起了国际设备管理界的普遍关注，并得到了广泛传播。1982年，国家经委负责人在全国第一次设备管理维修座谈会上明确提出："我们认为，打破设备管理的传统观念，参照设备综合工程学的观点，作为改革我国设备管理制度的方向是可行的"。多年来，我国设备管理改革的实践正是沿着这个方向前进的。

但是，我国倡导的设备综合管理并不是英国综合工程学的简单翻版，而是在参照以综合工程学为主的现代设备管理理论的基础上，融汇了我国设备管理长期积累的成功经验以及多年设备管理改革的实践成果所形成的设备管理体制（模式）。这个体制是学习国外先进经验与我国管理实际相结合的产物，具有鲜明的中国特色。这个体制的基本内容，就是《设备管理条例》中重点阐述的"三条方针，五个结合，四项任务"。

1.3.4 设备管理现代化

不断改善经营管理，努力提高管理的现代化水平是企业求得生存、发展，提高经济效益的根本途径。设备管理现代化是企业管理现代化的主要组成部分。

所谓设备管理现代化就是把当今国内外先进的科学技术成就与管理理论、方法，综合地应用于设备管理，形成适应企业现代化的设备管理保障体系，以促进企业设备现代化和取得良好的设备资产效益。

《设备管理条例》全篇贯穿着设备管理现代化的基本思路，倡导不断提高设备管理和维修技术的现代化水平。比如，坚持"三条方针，五个结合"，突出了设备管理思想观念的三大转变：由单纯抓设备维修到对设备的买、用、修、改、造实行综合管理的转变；由只重视技术管理到实行技术管理与经济管理相结合，追求设备投资效益的转变；由专业维修人员管理向全员管理方向的转变。

《设备管理条例》提倡对设备管理和维修技术的科学研究，鼓励设备管理和维修工作的社会化和专业化协作，要求企业积极采用先进的设备管理方法和维修技术，采用以状态监测为基础的设备维修方法，应用计算机辅助设备管理，推进管理手段和方法的现代化。

《设备管理条例》重视教育培训，要求创造条件，有计划地培养设备管理与维修方面专业人员；对在职的设备管理干部进行多层次、多渠道和多种形式的专业技术和管理知识教育；对现代设备操作、维修工人进行多种形式、不同等级的技术培训。通过提高人员素质来推进设备管理现代化。当然，随着时代的发展，尤其是我国实行了市场经济体制以后，《设备管理条例》也有一个不断充实和完善的过程，以更好地指导企业的设备管理工作。

1.4 设备管理的工作任务、目的与意义

1.4.1 设备管理的基本任务

设备管理的基本任务是正确贯彻执行党和国家的方针政策。要根据国家及各部委、总公司颁布的法规、制度，通过技术、经济和管理措施，对生产设备进行管理。做到全面规划、合理配置、择优选型、正确使用、精心维护、科学检修、适时改造和更新，使设备经常处于良好技术状态，以实现设备寿命周期费用最经济、综合能效高和适应生产发展需要的目的。设备管理的具体任务如下所列。

① 做好企业设备的综合规划。对企业在用和需用设备进行调查研究、综合平衡，制定科学合理的设备购置、分配、调整、修理、改造、更新等综合性计划。

② 根据技术进步、经济合理原则，为企业提供（制造、购置、租赁等）最优的技术装备。

③ 制定和推行先进的设备管理和维修制度，以较低的费用保证设备处于最佳技术状态，提高设备完好率和设备利用率。

④ 认真学习、研究，掌握设备物质运动的技术规律，如磨损规律、故障规律等。运用先进的监控、检测、维修手段和方法，灵活有效地采取各种维修方式和措施，搞好设备维修。保证设备的精度、性能达到标准，满足生产工艺要求。

⑤ 根据产品质量稳定提高，改造老产品，发展新产品和安全生产、节能降耗、改善环境等要求，有步骤地进行设备的改造和更新。在设备大检修时，也应该把设备检修和设备改造结合起来，积极应用推广新技术、新材料和新工艺，努力提高设备现代化水平。

⑥ 按照经济规律和设备管理规律的客观要求，组织设备管理工作。采取行政手段与经济手段相结合的办法，降低能源消耗费用和维修费用的支出，尽量降低设备的周期费用。

⑦ 加强技术培训和思想政治教育，造就一支素质高的技术队伍。随着化工企业向大型化、自动化和机电一体化等多方面迅速发展，以及对设备管理要求不断提高，对设备管理人员和维修人员提出了更高的要求。能否管好、用好、修好设备，不仅要看是否有一套好制度，而且决定于设备管理和设备维修人员的素质。

⑧ 搞好设备管理和维修方面的科学研究、经验总结和技术交流。组织技术力量对设备管理和维修中的课题进行科研攻关。积极推广国内外新技术、新材料、新工艺和行之有效的经验。

⑨ 搞好备品配件的制造，为供应部门提供备品配件的外购、储备信息和计划。推进设备维修与配件供应的商品化和社会化。

⑩ 组织群众参加管理。搞好设备管理，要发动全体员工参与，形成从领导到群众，从设备管理部门到各有关组织机构齐抓共管的局面。

1.4.2 设备管理的主要目的

设备管理的主要目的是用技术上先进、经济上合理的装备，采用有效措施，保证设备高效率、长周期、安全、经济地运行，来保证企业获得最好的经济效益。

设备管理是企业管理的一个重要部分。在企业中，设备管理搞好了，才能使企业的生产秩序正常，做到优质、高产、低消耗、低成本，预防各类事故，提高劳动生产率，保证安全生产。

加强设备管理，有利于企业取得良好的经济效果，如年产 30 万吨合成氨厂，一台压缩机出故障，会导致全系统中断生产，其生产损失很大。

加强设备管理，还可以对老、旧设备不断进行技术革新和技术改造，合理地做好设备更新工作，加速实现工业现代化。

总之，随着科学技术的发展，企业规模日趋大型化、现代化，机器设备的构造、技术更加复杂，设备管理工作也就越重要。

1.4.3 设备管理的意义

设备管理是保证企业进行生产和再生产的物质基础，也是现代化生产的基础。它标志着国家现代化程度和科学技术水平。它对保证企业增加生产、确保产品质量、发展品种、产品更新换代和降低成本等，都有着十分重要的意义。

(1) 设备在企业中的地位

① 设备是工人为国家创造物质财富的重要劳动手段，是国家的宝贵财富，是进行现代化建设的物质技术基础。

② 设备是企业固定资产的主体，在固定资产价值总额中一般占到 $60\%\sim70\%$，是企业物化了的资金，是企业有形资产。

③ 设备在生产力中具有决定性因素，是生产力三要素之一。

④ 设备是企业安全生产五要素之一，即"人、机、物、法、环"。

所谓"人"就是在企业现场的所有人员。"机"指企业中所用的设施、设备、工具以及其他的辅助生产工具。生产中，设备是否正常运作，工具的好坏都影响生产进度、产品质量的又一要素。"物"指原材料、半成品；零配件、产成品等物资。"法"是指法则，是企业员工所需遵循的各种规则制度。没有规矩，不成方圆。各种规章制度是保证企业人员严格按照规程作业，保证生产进度和产品质量、提高工作效率的有力保证。"环"则是指环境和环境，环境也会影响产品质量。

(2) 设备管理在企业管理中的地位

设备管理是企业管理的基础。生产中的各个环节和工序要严格地衔接与配合，生产的连续性主要靠设备的正常运转来保证，一旦故障停机，环节就会中断，全线就会停顿，所以，只有加强管理，正确操作，精心维护，使设备处于良好的技术状态，才能保证生产的连续性和稳定性，所以说设备管理是企业生产管理的基础，也是核心管理之一。

设备管理是产品和服务质量的保证。质量是企业的生命，必须靠精良的设备和有效地的管理，否则就会出现质量问题。本着"下一个工序就是我们的客户"的理念，设备可靠性差，造成中后工序都在待料，拖延生产计划的达成，那就是没有满足客户的服务质量。

设备管理是实现安全生产的前提。如果管理不善，就会导致设备事故和人员伤害，所以设备管理人员必须重视，为安全生产和环保创造良好的环境。

设备管理是降低生产成本，提高经济效益的重要保证。产品原材料的消耗、能源消耗、维修费等都摊销在产品的成本上，都与设备直接相关。设备管理影响到产品成本的投入，影响到企业的产出，所以要向设备要质量、要效益。

设备管理是企业长远发展的重要条件。企业要在激烈的市场竞争中求得生存和发展，需要不断采用新技术，开发新产品，依靠科技进步，提高装备水平，实现企业的长远发展。

任何一种工业管理制度和技术管理制度，都是为了满足和适应当时科学技术和工业发展的需要而出现的。随着企业生产规模的急剧扩大，管理现代化程度的提高，使设备管理的地位越来越突出，作用越来越显著。在现代管理阶段，由于科学技术的高速发展，企业的许多生产过程由机器设备逐步取代人的作用，因此生产开始受到设备影响，设备管理在企业管理中的作用越来越重要了。

（3）设备管理在生产和技术进步中的作用

工业企业的劳动生产率不仅受工人技术水平和设备管理水平的影响，而且还取决于设备的完善程度。设备的技术状态对企业生产有直接影响。随着科学技术的进展，化工生产的机械化和自动化程度越来越高，而且生产装置都是连续性的，设备状态完好程度，对整个连续生产线的影响更加明显。例如某炼油厂，常减压蒸馏装置与催化裂化装置及延迟焦化装置构成一个完整生产体系进行连续生产，如果其中任何一台设备发生故障，都可能造成生产装置甚至全厂停产。年产90万吨的提升管催化裂化炼油装置，每停产一天，将造成直接经济损失达一百多万元。况且化工生产设备常年在高温、高压、高转速条件下工作并多处于易燃、易爆、有毒和有腐蚀性介质的环境中，如果设备发生事故，不仅使国家财产和经济效益受到损失，甚至会造成人身事故及环境污染。可见，搞好设备管理，对化工企业的安全生产和经济运行是多么重要。

设备管理工作对技术进步和工业现代化起促进作用。这是因为一方面科学技术进步的过程也就是劳动手段不断完善的过程，科学技术的新成就往往迅速地应用在设备上，从某种意义上讲设备是科学技术的结晶。另一方面新型劳动手段的出现，又进一步促进科学技术的发展。新工艺、新材料的应用，新产品的发展都靠设备来保证。可见，提高设备管理的科学性，加强在用设备的技术改造和更新，力求设备每次修理和更新都使设备在技术上有不同程度的进步，对促进技术进步，实现工业现代化具有重要意义。

1.5　设备管理体制

1.5.1　设备管理组织机构的设置原则

按照《转换经营机制条例》的规定，企业享有自主设置设备管理机构的权力。企业对设备管理组织机构进行调整和改革，使其逐步合理化，应遵循以下主要原则：

① 应体现统一领导、分级管理原则。建立企业设备管理机构，应根据现代化、社会化大生产的要求，有利于加强企业设备系统的集中统一指挥。我国企业内部的设备管理工作，是在厂长（或经理）的领导下，一般由主管设备的副厂长（或副经理）统一指挥。企业内部

各级设备管理组织，要按照副厂长（或副经理）统一部署开展各项活动，并协同动作，相互配合，以保证企业设备管理系统能够正常、有序地进行工作。统一领导与分级管理相结合。各级设备企业管理组织在规定职权范围内处理有关的设备管理业务，并承担一定的经济责任。这样不仅可以充分调动各级设备管理组织的积极性，还可使设备副厂长（或副经理）集中精力研究和解决重大问题，诸如企业设备管理发展的战略与决策；企业整体技术装备素质的提高；国外同行业设备技术现代化与设备管理现代化的信息等。

② 应有利于实现企业生产经营目标与设备系统的分目标，力求精干、高效、节约。

③ 既要有合理分工，又要注意相互协作，贯彻责权利相互统一的原则。设备系统的机构应从各项管理职能的业务出发，在机构之间进行合理分工，划清职责范围，并在此基础上加强协作与配合。由于设备管理和各项专业管理之间都有内在的联系，因此，在实现企业生产经营目标的过程中，必须注意它们之间的横向协调。同时，设备管理各类机构的责、权、利要适应。责任到人就要权力到人，不能有权无责，也不能有责无权，并相应规定必要的奖惩办法。

④ 要贯彻设备综合管理基本制度的要求。即设计、制造与使用相结合；维护与计划检修相结合；修理、改造与更新相结合；专业管理与群众管理相结合；技术管理与经济管理相结合等。

1.5.2　影响设备管理组织机构设置的有关因素

对设备管理组织机构产生影响的因素很多，主要有以下几个。

① 企业规模。大型企业，尤其是特大型企业，生产环节多、技术与管理专业跨度大，设备管理业务多内容繁杂，工作量大。

② 机械化程度。一般来说，生产机械化程度高、设备拥有量多的生产单位，由于设备管理与维修工作量大、技术复杂，设备管理机构分工细，机构设置要多一些。

③ 生产工艺性质。化工、冶炼企业由于高温、高压、连续生产，腐蚀性强等原因，对设备运行与完好要求十分苛刻，设备管理与维修工作量大，设备管理机构相应要齐全一些。对于一般的加工企业，设置的机构可相对少一些。

④ 协作化程度。设备维修、改造、备件制造等的专业化、协作化、社会化程度，对于企业设备管理组织机构的设置具有重要影响。在某些大中城市，上述各项的专业化、社会化程度较高，围绕企业设备维修的社会服务体系比较完善，大大减轻了企业自身的设备维修、技术改造、备件制造等改造量，企业的设备管理机构可以精简。

⑤ 生产类别。在加工装配行业中，例如机器制造、汽车、家用电器等行业，由于生产类型（大量生产、成批生产、单件小批量生产）不同，设备管理机构的设置也有较大的差别。

1.5.3　设备管理的领导体制与组织形式

（1）厂（公司）级设备管理领导体制

① 厂级领导成员之间的分工。厂（公司）级设备管理领导体制，是企业最高层次领导班子诸成员之间在设备管理方面的分工协作关系。我国企业内设备管理领导体制大致有以下几种情况。

a. 设备厂长（或副经理）与生产副厂长（或副经理）并列，即在厂长（或经理）的统一领导下，企业设备系统与生产系统并列，分别由两位副厂长（或副经理）领导各自系统的工作。我国冶金系统不少的大型企业采用这种设备管理系统领导体制。据报道，瑞典的不少企业也采用这类领导体制，在公司总经理领导下，设立维修经理与生产经理。

b. 生产副厂长（或副经理）领导企业设备系统工作，即由生产副厂长（或副经理）直接领导设备处（科、室）。

c. 总工程师领导企业设备系统工作。

② 设备综合管理委员会（或综合管理小组）。它是我国不少企业在推行设备综合管理过程中逐步建立的机构。在厂长（或经理）直接领导子下，由企业业务系统主要负责人参加。它的主要任务是处理设备工作中重大事项的横向协调，如：《设备管理条例》的贯彻执行；重大设备的引进或改造；折旧率的调整和折旧费的使用等。

③ 技术装备中心。有些企业内部成立了几大中心或多个公司，技术装备中心（或设备工程公司）是其中之一，承担对设备的综合管理。在经济体制改革过程中，随着各类承保公司责任的推行，技术装备中心（设备工程公司）一般都逐步发展成为相对独立、自主经营、自负盈亏的经济实体。

（2）基层设备管理组织形式

我国大多数企业在推行设备综合管理过程中，继承了我国群众参加管理的优良传统，参照日本 TPM 的经验，在基层建立了生产操作工人参加的 PM 小组。

随着企业内部承包制的发展，在企业基层班组中出现了多种设备管理形式，其重要特点是打破了两种传统分工：一是生产操作工人与设备维修工人的分工；二是检修工人内部机械、电气的分工。有些企业成立了包机组，把与设备运行直接有关的工人组成一个整体，成立企业生产设备管理的基层组织和内部相对独立核算的基本单位。

1.5.4 设备管理的社会化和市场化

（1）设备管理的社会化

设备管理社会化是指适应社会化大生产的客观规律，按照市场经济发展的客观要求，组织设备运行各环节的专业化服务，形成全社会的设备管理服务网络，使企业设备运行过程中所需要的各种服务由自给转变为社会提供的过程。

设备管理专业化是指设备管理的若干工作由形成行业的企业来承担。把各专业化企业推向市场，遵循社会化的行为准则，成为合格的专业服务机构，并不断在社会化服务中发挥作用。各专业化企业在社会化服务中作用和贡献愈多，对设备社会化的影响愈大，社会化的发展速度愈快，其社会化的服务体系、服务质量就愈完善。

设备管理的社会化是以组建中心城市（或地区）的各专业化服务中心为主体，小城市的其他系统形成全方位的全社会服务网络。其主要内容为：①设备制造企业的售后服务体系；②设备维修与改造专业化服务中心；③备品配件服务中心；④设备润滑技术服务中心；⑤设备交易中心；⑥设备诊断技术服务中心；⑦设备技术信息中心；⑧设备工程教育培训中心。

（2）设备管理的市场化

设备管理市场化是指通过建立完善的设备要素市场，为全社会设备管理提供规范化、标准化的交易场所，以最经济合理的方法为全社会设备资源的优化配置和有效运行提供保障，促使设备管理由企业自我服务向市场提供服务转化。

培育和规范设备要素市场，充分发挥市场机制在优化资源配置中的基础性作用，是实现设备管理市场化的前提。应积极鼓励和促进更多的设备要素供需方走向市场，只有社会能提供更多、更便捷的专业化服务，才能建立起设备管理社会化的基础。培育和规范设备要素市场，形成统一、开放、竞争、有序的市场体系，才能以优取胜，促进设备管理社会化服务质量的提高和服务体系的完善，促进设备管理市场化的实现。

设备要素市场由 5 部分组成，即设备维修市场、备品配件市场、设备租赁市场、设备调剂市场和设备技术信息市场。

目前，培育和规范设备要素市场，主要包括 5 个方面的工作：①制定设备要素市场进入规划；②制定设备要素市场的监督管理办法；③加强设备要素市场的价格管理；④加强设备要素市场的合同管理；⑤建立和健全设备要素市场监督或仲裁机构，

 思考题

1-1 设备、设备管理的基本概念。

1-2 设备管理的重要性主要体现在哪几个方面？

1-3 我国设备管理的方针、基本原则是怎样的？

1-4 设备管理的主要任务是什么？

1-5 设备管理组织机构的设置原则。

1-6 影响设备管理组织机构设置的因素有哪些？

第2章　设备综合管理

设备综合管理是由全员参与的全过程管理。它是从设备的计划开始，对研究、设计、制造、检验、购置、安装、使用、维修、改造、更新、直至报废的全过程管理，是一项兼有技术、经济、专业三方面的技术管理工作。设备管理的全过程涉及设备的设计、制造、安装、使用等许多部门和单位，所以从宏观范围来看，设备的综合管理是社会管理。面对使用设备的企业来说，企业的设备综合管理是一个企业范围内的微观管理。

仅仅依靠对设备使用阶段的局部过程进行管理，已不适应现代设备管理发展的要求。一个以设备一生为对象，追求设备寿命周期费用最经济的目的、完整的管理理论和管理体系正在逐步完善，因此，设备的综合管理分为设备的构成期和使用期两个阶段。自制设备从计划开始到设备装配是设备的构成期；其后一阶段直至设备的报废为使用期。设备综合管理过程流程图如图 2-1 所示。

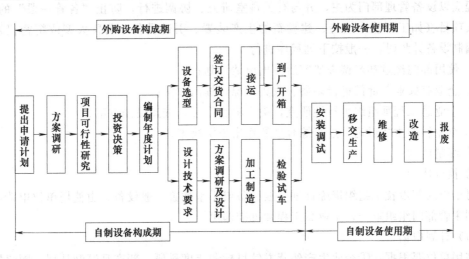

图 2-1　设备综合管理过程流程图

2.1　设备构成期的管理

设备的前期（构成期）管理，对于企业能否保持设备完好，不断改善和提高企业技术装备水平，充分发挥设备效能，取得良好的投资效益起着关键性作用。

2.1.1　设备构成期管理的重要性

设备在"使用期"的维护保养、修养、调动与移装、租赁、使用与封存保管等方面虽然很重要，但设备"构成期"的管理更为重要。因为它是"使用期"管理的"先决"条件。这是因为设备使用的经济效果受以下两项构成期工作影响：

① 设备在申请阶段的指导思想和经营目标；

② 确定设备购置计划的可行性研究和投资决策。

总之，设备构成期的管理不仅决定了企业的技术装备的素质，关系着战略目标的实现，同时也决定了费用、效率和投资效益。

2.1.2　设备计划阶段的管理

企业根据经营目标，为实现国家计划和满足市场需要，需扩大生产规模或缩短生产周期；或因产品更新换代和新产品试制、工艺技术改进、科学研究需要、节约能源和原材料；或是由于环境保护和安全生产以及旧设备更新等原因必须增加（更新）或制造设备时，要结合现有设备的技术状态和能力，以及资金来源，经过调查研究和技术经济可行性分析之后，提出可行的设备计划。

从设备的计划阶段开始，就要发挥设备管理部门的作用。因为设备管理部门对各种设备的性能、结构、材料、工作原理等较熟悉；对设备制造厂的生产历史、产品信誉、服务态度较了解；掌握国内外设备技术发展动态，对企业现有的设备能力及构成情况较清楚，因此在企业确定增添设备计划时是最有发言权的。同时，又因为他们要承担设备投入运行以后直至报废期内的全部维修和管理工作，因而他们不仅要顾及当前，更要预计长远。所以设备计划的编程应以设备管理部门为主，并与有关科室研究、协调进行，防止"各管一段"的现象。对重大项目（如工厂技术改造、建设新的生产装置、引进设备、购置大型或精密仪器等），企业编制设备计划时，一般按下列程序进行：

① 使用部门经过初步调查研究后提出申请计划；

② 企业有关业务部门进行调研、收集情况，提出方案；

③ 企业总工程师组织可行性研究，确定项目取舍，选择最佳方案；

④ 企业领导主持讨论，进行综合平衡作出投资决策；

⑤ 编制计划；

⑥ 执行计划。

对于引入年度技术组织措施计划一般设备或零星购置一般设备，由使用单位申请，设备与计划主管部门组织审查，企业总工程师批准即可。

（1）计划申请

使用单位要根据：①企业生产经营方针目标和年度科研、新产品试制计划，围绕提高产量、质量、产品更新换代、扩大品种以及改进生产工艺需要增加更新设备；②现有设备的有形、无形磨损严重且无修理价值，需要更新和改造的设备；③为了节约能源或能源增容需要更新或新增的动力设备；④为了改善劳动条件和环境保护，保证安全生产，需要更新改造或新增的设备等的需要，经过初步调查研究，并考虑投资及资金来源、安装后的利用率、技术发展方面等问题提出设备计划申请。

（2）调查研究和计划审查（进行可行性研究）

　　由企业总工程师组织设备、工艺、计划、财务、环保、劳资、基建、安全等部门，对申请项目进行技术经济综合分析和各种方案对比。要求掌握详细准确的调查材料和资料，要为购进（制造）设备提供技术经济方面的数字依据。调查内容包括以下几点。

　　① 企业的主观因素。申请的背景和理由、现有设备利用率和潜力、厂房条件、运输安装能力管理、能源和原材料供应、资金来源、操作和维护技术水平、技术发展方向、环境和安全技术、劳动力配备、实施时间和进度安排、企业机构和管理水平等。

　　② 设备选型方面。设备的规格（生产能力、加工范围等）和技术性能、备件供应，维修专用工具和仪器、故障和事故等。

　　③ 设备制造厂方面。制造厂的历史和技术力量、产品的发展过程，该型号设备的新产品发展和改进计划、质量管理水平等。

　　④ 费用方面。售价、运输费、安装费、培训费等。根据调查资料，估算各种方案预期的经济效益，进行比较、分析和评价。虽然有些效益是不能用货币计算的，但是经济评价是决定因素。

　　经过可行性研究以后，从几个方案中，推荐出一个最佳方案，供决策者判定。

　　在申请计划时要着重提出是否决定增添设备的初步资料；在计划会审时则还要提供有关如何解决问题，增添什么样设备的详细资料。

　　要提高设备利用率，压缩设备的拥有量。所以设备管理部门应根据企业现有装备情况，尽量利用设备潜力和提高设备利用率，开展技术革新和设备改进、改造，提高劳动生产率。要坚持凡本厂能调配的设备不增添；能利用现有设备改进、改装达到生产不增设备。

　　（3）综合平衡、投资决策

　　经过可行性研究后，将申请的设备项目汇总，进行综合平衡。有些设备虽确实需要，但如果资金、能源等供应有限不能一次全部解决，就只能排出轻重缓急的顺序逐步实现。这阶段应对资金的筹措和运用制定出详细计划。中国工业企业增添（或更新改造）设备的国内资金来源有：国家拨款、地方拨款、企业自有资金、银行贷款、企业参与贷款等。

　　① 国家拨款　上级机关拨款有挖掘更新改造拨款和科技三项费用拨款（新产品试制费、中间试验费和重要科学研究补助费）等。下面只对企业自有资金和银行贷款做一简单介绍。

　　② 企业自有资金

　　a. 更新改造基金系"固定资产更新和技术改造基金"的简称。其主要来源是基本折旧资金。

　　b. 生产发展基金主要来源是各种留成，包括超额利润留成、提前投产所得利润留成、治理"三废"综合利用生产产品所得利润留成等。实行以税代利后，企业支配这部分资金就更大了。

　　c. 大修基金根据可以将更新改造基金、生产发展基金和大修基金捆起来用的规定，大修基金也可以用于补充其他两项基金的不足。

　　d. 其他如国内企业之间的联合经营、补偿贸易等。

　　③ 可利用的银行贷款

　　a. 小型技措贷款，用于短期能实现经济效果的项目：即金额在 20 万元以下、一二年内可以归还贷款项目。

　　b. 中短期设备贷款，主要用于购置设备，贷款期不超过三年。

　　c. 出口工业产品专项贷款，用于出口生产企业的技术改造。

d. 进口设备短期外汇贷款。

e. 轻纺工业中短期专项贷款。

在实行"对内搞活、对外开放"政策以后，企业在引进技术和进口设备时可以利用外资。在外资来源中，国际金融机构贷款、银行出口信贷等都是大型工程，由外资部门和上级机关代表企业负责贷款的借与还，对企业来讲与国家贷款无异。工业企业直接参与货款的经济合作形式，其中主要有以下几种形式。

a. 来料加工。由外商提供全部或部分设备和仪器、工模具、原材料、辅助材料，我方按要求生产出产品后外销，用加工费来偿还外商提供的设备。

b. 补偿交易。由外商提供贷款购置设备，设备安装投产后，用生产出来的产品出口返销以偿还贷款的本息。

c. 合资经营。外商用技术和设备折合资金股，我方用土地、厂房、公用设施等折合资金入股，按股分配利润。

企业应广开门路，筹集资金，制定中长期计划，合理利用财力和物力。最后由企业领导主持，各分管领导参加，听取总工程师或有关业务部门的汇报后，经过综合平衡，做出订货、租贷、改造、自制、调整、暂缓等具体决策，最后通过计划。

（4）编制计划并组织计划的实施

项目批准后，由计划部门汇总编制设备购置计划、下达订货、设计任务，并规划进度，落实实施办法，采取措施尽量缩短计划实施时间，使新设备早日投产，获得收益加速资金周转。

2.1.3 设备的选型与购置

设备选型必须从市场情况和生产需要出发。因为无论是从外厂购进设备，还是企业自己制造设备，设备选型都是十分关键的。在设备计划确定后，由企业设备管理和工艺部门，根据设备计划的要求，对不同生产厂家的多种型号产品进行分析比较，从中选出最佳方案。即选择最适宜的设备装置，用最少的投资获得最大的经济效益，这是设备选用的最重要标准。设备选型的原则是：技术先进、经济合理、能源消耗少、生产适用、运行可靠、便于维修。

（1）设备造型时应考虑的主要因素

① 设备生产率与产品质量　设备生产率与产品质量主要是单位时间内的产品产量与设备质量的工程能力。比如，对成组的设备来说，在流水线的节拍以及一般工人技术条件下产品的一级品/优等品率。而设备的生产率一般是以单位时间内所产生的产品数量来表示的，例如空气压缩机以每小时输出压缩空气的体积，制冷设备以每小时的制冷量，锅炉以每小时产生的蒸汽吨数，发动机以功率，水泵以扬程和流量来表示等。

高效率设备的主要特点是：大型化、高速化、自动化、电子化。

a. 大型化。采用大型设备是现代化工业提高生产率的一个重要途径。设备大型化的优点是可以组织大批量生产，节省投资，也有利于采用新技术。但是设备大型化的优越性不是绝对的，因为不是所有行业都适于采用大型化的生产设备，也不是所有企业都可以无条件地采用。如大型设备对原材料、产品及工业废料的吞吐量大，受到材料供应、产品销售、能源环保等多方面因素影响与制约。现有企业某些设备的大型化，还可能造成与原工艺技术条件不配套、不协调。因此，不能绝对地认为设备越大越好，每个企业应当根据自己的生产规模、生产特点、产品性质以及其他技术经济条件等实际情况，适当地选择一定技术参数、适应市场需要、适合本企业生产技术需要的设备规模。目前在化工行业生产装置中的炉、塔、罐、釜等，都在向大型发展。

b. 高速化。社会的高速化使得社会的生产加工速度、化学反应速度、运算传输速度大大加快，从而提高了设备的生产率。但随着设备运转速度的加快，使设备对能源的消耗量也随之增长，对设备的设计制造质量、材质附件和工具的要求也相应提高。由于速度快，设备零部件的磨损也快，消耗量也随之增大。由于速度快，人工操作很难适应，势必要求自动控制等。这就给企业提出了新的要求。只要一个环节考虑不周就不一定会带来相应的经济效果。

c. 自动化、电子化。自动化、电子化设备是工业发展方向，它可以极大地提高设备的生产率，取得良好的经济效果。设备自动化、电子化的特点是远距离操纵与集中控制相结合。例如，目前现代化的化工生产装置是由中心控制室，靠集成电路组成的仪器仪表或电子计算机控制。自动化、电子仪表是生产现代化的重要标志之一。但这类设备价格贵、投资费用大、消耗大、维修工作复杂，对管理水平要求高。要求企业在选择自动化、电子化设备时，必须具备一定条件，否则影响经济效益。

② 工艺性　工艺性是指设备满足生产工艺要求的能力。机器设备最基本的一条是要符合产品工艺的技术要求。例如，加热设备要满足产品工艺的最高与最低温度要求，确保温度均匀性和控制精度；油泵要满足在操作条件下，保证扬程和流量。另外，要求设备操作方便、控制灵活，对产量大的设备应自动化程度高。对有害有毒作业的设备则要求自动化控制或远距离监控。

③ 安全可靠性　可控性属于产品质量管理范畴，是指精度准确度的保持性、零件耐用度安全可靠性等，在设备管理中的可靠性是指设备在使用中能达到的准确、安全与可靠。

在选择设备时，要选择在生产中安全可靠的设备。设备的故障会带来重大的经济损失和人身事故。对有腐蚀性的设备，要注意防护设施的可靠性，要注意设备的材质是否满足设计要求，还应注意设备结构是否先进，组装是否合理、牢固，是否安装有预报和防止设备事故的各种安全装置。如压力表、安全阀、自动报警器、自动切断动力、自动停车装置。

可靠性只在工作条件和工作时间相同情况下才能进行比较，所以其定义是：系统、设备、零部件在规定时间内、在规定的条件下完成规定功能的能力。定量测量可靠性的标准是可靠度。可靠度是指系统设备零部件在规定条件下、在规定时间 (t) 内能毫无故障地完成规定功能的概率。它是时间的函数，用 $R(t)$ 表示。用概率表示抽象的可靠性以后，设备可靠性的测量、管理、控制，就有了能计算的尺度。

④ 维修性　维修性是指通过修理和维护保养手段，来预防和排除系统、设备、零部件等故障的难易程度。其定义是：系统、设备、零部件等在进行修配时能以最小的资源消耗在正常条件下顺利完成维修的可能性。同可靠性一样对维修也引入一定测量的标准——维修度。维修度是指修理的系统、设备、零部件等按规定的条件进行维修时，在规定时间内完成维修的概率。

影响维修性的因素有易接近性（容易看到故障部位，并易用手或工具进行修理）、易检查性、坚固性、易拆装性、零部件标准化和互换性、零件的材料和工艺方法、维修人员的安全、特殊工具和仪器、设备供应、生产厂的服务质量等。我们希望设备的可靠度高些，但可靠度达到一定程度后，再继续提供就越来越困难了，相对微小的提高可靠度会造成设备成本费用按指数增长。所以可靠性可能达到的程度是有限制的。因此，提高维修性，减少设备恢复正常工作状态的时间和费用就相当重要了。于是产生了广义可靠度的概念，它包括设备不发生故障的可靠度和排除故障难易的维修度。

⑤ 经济性　选择设备经济性的要求：最初投资少、生产效率高、耐久性长、能耗及原材料损耗少、维修及管理费用少、节省劳动力等。

最初投资包括购置费、运输费、安装费、辅助设施费、起重运输费等。耐久性指零部件使用的过程中物质磨损允许的自然寿命。很多零部件组成的设备，则以整台设备的主要技术指标达到允许的极限数据的时间来衡量耐久性。自然，寿命越长每年分推的购置费用越少，平均每个工时费用中设备投资所占比重越少，生产成本越低。但设备技术水平不断提高，设备可能在自然寿命周期内，因技术落后而被淘汰，所以应区分不同类型的设备要求不同的耐久性。如精密、重型设备最初投资大，但寿命长，其全过程的经济效果就好；而简易专用设备随工艺发展而改变，就不必要有太长的自然寿命。能耗是单位产品能源的消耗量，是一个很重要的指标。不仅要看消费量的大小，还要看使用什么样的能源。油、电、煤、煤气等是常用的能源，但经济效果不同。上面这些因素有些相互影响，有些相互矛盾，不可能各项指标都是最经济的，可以根据企业具体情况以某几个因素为主，参考其他因素来进行分析计算。在对几个方案进行对比时，综合衡量这些要求就是对设备进行经济评价。

⑥ 可持续性　可持续性是指产品从设计、生产、销售、使用到处理，造成最低的环境和职业健康危害，消耗最少的材料和能源资源，这关系到全球的可持续发展。

⑦ 环保性　环保性是指设备的噪声和排放的有害物质对环境的污染要符合有关规定的要求。应选择不排放或少排放工业废水、废气、废渣的设备，或者是选择那些配备有相应的治理"三废"附属的装置设备。还要附带有消声、隔音装置。

⑧ 成套性　成套性是指设备本身及各种设备之间的成套配套情况。这是形成设备生产能力的重要标准。设备的成套，包括单机配套和项目配套。工业企业选择适当的设备，以避免动力设备与生产设备之间"大马拉小车"或"小马拉大车"的现象。避免各种设备之间存在的"头重脚轻"等不配套现象。

此外，还必须注意企业的各种设备与生产任务之间的协调配套关系。也就是说，生产任务的安排要与设备的生产能力相协调。如果二者不相适应，不是完不成生产任务，就是不能充分发挥设备的生产能力，造成浪费。因此，不能绝对地认为先进的生产设备，就一定会取得好的经济效益。

⑨ 投资费用　在选择设备时，对上述各项因素进行认真评价之后，还要考虑设备的最初投资。并要顾及投资的合理平衡，不仅要考虑设备投资来源和投资费用大小，而且要顾及设备投资的回收期限和由于采用新设备带来的节约。

工业企业选择设备时，要从本企业的实际出发，对各种因素统筹兼顾，全面地权衡利弊，不应顾此失彼。企业的设备管理部门，要负责设备选择的全过程，并对设备进行技术经济等各方面的综合研究和全面评价，通过几种设备优劣的对比，为企业的生产选择最佳的技术装备。

(2) 设备选型的步骤

通常设备选型分三步进行。

① 设备市场信息的收集与预选　广泛收集国内外市场上的设备信息，如产品目录、产品样本、产品广告、销售人员上门提供的情况、有关专业人员提供的情报、从产品展销会收集的情报以及网上信息等，并把这些情报进行分门别类汇编索引，从中选出一些可供选择的

机型和厂家。这就是为设备选型提供信息的预选过程。

② 初步选定设备型号和供货单位　对经过预选的机型和厂家，进行联系和调查，较详细地了解产品的各种技术参数、附件情况、货源多少、价格和供货时间及产品在用户和市场上的反应情况、制造厂的售后服务质量和信誉等，在此基础上进行分析、比较，从中再选出认为最有希望的两三个机型和厂家。

③ 选型评价决策　向初步选定的制造厂提出具体订货要求。内容包括：订货设备的机型、主要规格、自动化程度和随机附件的初步意见、要求的交货期以及包装和运输情况，并附产品零件图及预期的年需量。

制造厂按上述订货要求，进行工艺分析，提出评价表。内容包括：详细技术规格、设备结构特点、供货范围、质量验收标准、价格及交货期、随机备件、技术文件、技术服务等。

在接到几个制造厂的评价书后，必要时再到制造厂和用户进行深入了解，与制造厂磋商按产品零件进行性能试验，将需要了解的情况调查清楚，详细记录，作为最后选型决策的依据。

在调查研究之后，由工艺、设备、使用等部门对几个厂家的产品进行对比分析，进行技术经济评价，选出最理想的机型和厂家，作为第一方案，同时也要准备第二、第三方案以便适应可能出现的订货情况的变化，最后经主管部门领导审批并完成设备选型决策的全过程。

以上是典型的选型步骤。在选购国外设备和国产大型、高精度或价格高的设备时，一般均应按上述步骤选型。对国产中小型设备可视具体情况而简化。

（3）设备的订货购置

设备选型后的下一步工作是进行订货购置；完成了订货才能实现设备的购置计划。

① 订货程序　设备订货的主要步骤包括：货源调查、向厂家提出订货要求、制造厂报价、谈判磋商签订订货合同。从订货程序可见，从设备选型的第三步就已经开始订货工作。在制造厂报货的基础上，做出选型评价决策后，再与制造厂就供货范围、价格、交货期以及某些具体细节进行磋商，最后签订订货合同。

② 订货合同　所有订货产品，均需签订合同。合同是双方根据法律、法令、政策、计划的要求，为实现一定的经济目的，明确相互权利、义务关系的协议。对国外签订合同，还必须符合国际贸易的有关规定。合同要明确双方承担的责任，文字要准确，在合同正文中不能详细说明的事项可以附件形式作为补充。附件也必须双方签字盖章。

国外设备订货合同一般应包括下列内容：

a. 设备名称、型号、主要规格、订货数量、交货日期、交货地点；

b. 设备详细技术参数；

c. 供货范围包括主机、标准件、特殊附件、随机备件等；

d. 质量验收标准及验收程序；

e. 随机供应的技术文件的名称及份数；

f. 付款方式、运输方式；

g. 卖方提供的技术服务、人员培训、安装调试的技术指导等；

h. 有关双方违反合同的罚款和争议的仲裁。

一般多数国内制造厂的订货合同内容包括上述第 a、c、d、f、h 条，不如国外详尽，有待完善。在签订合同时，若认为按制造厂提供的合同内容有必要适当补充时，双方可议定将补充内容写成文件，作为合同附件。合同签订后有关解释、澄清合同内容的往来传真、电函也应视为合同的组成部分。

合同必须登记。合同的文件、附件、往来传真、电函、商谈纪要、预付款等都应集中管理，既便于备查，也可作为双方争执时的仲裁依据。

当完成了订货就可以去实现设备的购置计划。

③ 设备的购置　一般来说，对于结构复杂、精度高、大型稀有的通用万能设备，以购置为宜，必要时，也可引进国外先进设备。因为这类产品质量起决定作用，从中还可以消化、吸收新技术。在选择、采购设备时，采购人员往往偏重于价格低廉的；而技术人员则偏重于机器设备性能好坏；维修人员重视容易修理的。正确的做法应当是对设备的经济性、可靠性、易修性进行综合评价。这里主要介绍机器设备选购的经济评价。

a. 投资回收期法。投资回收期等于设备投资额被采用新设备后年节约额除，即

$$设备回收期（年）=\frac{设备投资额（元）}{采用新设备后年节约额（元/年）}$$

根据设备投资费用与节约额计算不同的投资回收期。在其他条件相同的情况下，选择投资回收期最短的设备为最优设备。

据经验，回收期低于设备预期使用寿命（指经济寿命）的 1/2 时，此投资方案可取。

b. 投资回收率法。投资回收率法由于考虑到设备折旧，所以它比回收期法反映的情况要实际些。计算方法如下。

$$设备回收率=\frac{平均年收益-年折旧费}{设备投资费}\times100\%$$

$$平均收益=\frac{总收益}{预期使用寿命}$$

$$年折旧费=\frac{设备投资额}{预期使用寿命}$$

如果投资回收率不大于公司（企业）预定的最小回收率，此方案可行。

以上两种方法，即逐年从投资中扣除净收入，虽计算方便，可对措施方案做出快速评价，但不能反映货币的时间值。

c. 现值法。其特点是可把购置设备的各种方案在不同时期内的收益和支出全部转化为现在的价值，对总的结果进行对比。

机器在整个使用期每年都要支出经营费用，现值法是把这种逐年支出均折合成现在的一次性支出，其计算公式为：

$$C'=C\frac{(1+i)^n-1}{i(1+i)^n}$$

式中　C'——机器使用期中全部经营费用的现值；

　　　C——机器的年经营费；

　　　i——第 i 年；

　　　n——使用期。

应当指出的是，只有对比方案的使用期相同时，才能够使用现值法。

2.1.4 设备设计、制造阶段的管理

设备寿命周期费用是设备一生的总费用，它由构成期形成的设备成本（或生产费用，包括研究、设计和制造费用）和设备投入运行后的使用费用两部分组成。设备的生产费用（即购置费）是一次支出或在短时间内集中支出的费用。自制设备的生产费用，包括研究、设计、制造费用。外购设备的生产费用，包括购置费、运输和安装调试费。使用费是设备在整个寿命周期内为保证正常运行而支付的费用，包括能源费、维修费、保险费、固定资产税及工人的工资等。

以设备寿命周期费用最经济作为设备管理的目标，是最优化设备管理。这就要求在设计某种新设备时，不仅制造成本便宜，而且使用费用也应低。既然设备寿命周期费用由设备成本和使用费用组成，为了使这两部分费用最经济，就要设法综合考虑降低这两部分经费。为了降低设备使用费用，一方面可以在设备运行过程中，采取技术方法（如零件的修旧利废，采用先进工艺等）和管理措施（如合理的劳动组织及工时定额等）来实现。但是，使用费用的降低幅度和设备的设计、制造阶段有密切联系。另一方面在设计、制造阶段，不仅要注意设备的生产能力和工艺性，而且要注意设备的可靠性、维修性、使用的功能和要求。

为了降低在构成期形成的设备成本，设备的设计与制造有直接的关系。根据价值工程的概念，设备寿命周期费用与设备功能完成程度的关系如图 2-2 所示。图中，C_1 为设计、制造成本；C_2 为使用成本；C 为寿命周期成本；$C_{\min}$ 为寿命周期成本最低点；P 为寿命周期成本最低点时功能完成程度。

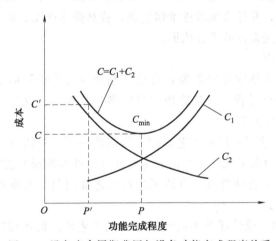

图 2-2 设备寿命周期费用与设备功能完成程度关系

设备寿命周期成本 C，是指产品从研究、制造、销售、使用直到报废的整个时期，在寿命周期内所发生的各项成本之和，也叫总成本。它是实现用户所要求的设备功能所需消耗一切的资源货币表现，寿命周期成本包括两部分，即 $C=C_1+C_2$，其中设计制造成本 C_1，是指产品运达用户手中之前所支出的费用综合，设备使用成本 C_2，是指用户在使用过程中所指出的费用总和，其中包括产品报废后的清理费用，价值工程既要求降低设计成本，又要求重视降低使用成本，只有寿命周期成本价格低了，才能提高产品竞争力，才能体现出对社会的有益的经济效益。

价值工程就是寻找寿命周期成本最低的设备功能完成程度 P，也是寻找设备功能完成程度恰到好处是寿命周期成本最低点 C_{min}，由图 2-2 知，在 C' 点所代表的设备周期成本不经济。因为，此时虽然设计、制造成本低，但设备的使用成本却很高，而且设备的功能完成程度也很低。所以这种情况不可取，经过合理的设计，把设备寿命周期成本降低到 C_{min} 点，而其功能完成程度则由 P' 点提高到 P 点，此时的设备设计、制造费用和使用费用都不会太高，所以是合理的。

过去，由于社会分工造成设备的设计、制造过程由设计、制造单位管理；设备的使用过程由使用单位管理。两家不相往来，不通信息，彼此脱节，使设备使用单位在设备安装、调试、使用、维修过程中发现的设备缺陷，无法反馈给设计，制造单位加以改进；而使用单位设备改造与改装中积累的科技成果，制造单位也不能加以利用。近年来，许多企业按照设备全过程综合管理观点，对设备实行全过程管理，有效地克服了设备设计、制造与使用之间的脱节现象。

(1) 外购设备的管理

向设备制造厂订购专用设备时，设备使用单位从指定技术条件提出设计任务书起，就应与设计单位保持密切联系，提供生产使用过程中的技术数据和资料，协助设计人员全面规划设备的经济型、可靠性和维修性。对设备设计工作的要求与自制设备设计阶段的要求相同。对关键复杂设备（包括专用与通用设备）还需要确定操作和维修人员的培训要求。设备使用单位可派人参加设备生产、装配、调试过程；即使培训，也是对设备构成期质量的监督。

设备运行后，设备使用单位应与设计单位建立密切的联系，对设备使用过程中发现的设计问题进行记录与整理，并且收集改进维修性能、提高操作性能、扩大使用范围等方面的情况，这些是设计单位改进设计的重要依据。

(2) 自制设备的管理

自制设备是指企业为适应生产需要自行设计制造（或委托外单位设计制造）的专用设备。对自制设备管理的全过程，设备管理部门应参与其规划、设计、制造、安装调试等工作。主要工作内容及程序如下。

① 提出申请书　由使用部门或工艺部门，根据产品工艺的需要，提出申请书，其内容包括：加工的零部件、目前采用加工方法的主要缺点、推荐的新工艺方法和对新设备的基本结构的设想及预期的技术经济效果。申请书经过工艺部门负责人审查同意，总工程师批准后，列入企业设备规划。

② 编制设计任务书　设计任务书由使用部门或工艺部门负责编制，其内容包括；对加工零部件质量和产量的要求、拟采用的工艺方法、推荐的基本结构和各项技术参数、自动化程度、费用概算、验收标准及完成日期。设计任务书必须经工艺部门负责人审查，总工程师批准。

③ 设计　自制设备可以由企业的装备设计部门负责，也可以委托生产类似产品的制造厂设计。由企业的工艺部门负责，设备管理部门参加，按设计任务书并与设计部门磋商，签订委托设计技术协议。其主要内容应包括：设备的详细技术要求；是否需要进行工艺性试验和试制样机；用户需提供的资料或其他设计条件；有关设计审查和设备鉴定的规定；设计单位应提供的技术文件；设计完成日期及设计费用；任何一方未履行协议，应负的经济责任和仲裁。

设计人员必须按照设计任务书的规定，拿出两个以上设计方案进行技术经济论证，从中选定最佳方案。必须从经济观点来评价各方案的优越性，在规定的预算之内，从设计上采取措施降低费用（制造费、安装调试费、运行费和维修费）。为此，应从以下几方面入手。

a. 尽可能从结构设计上满足对设备的要求，精心设计是设计师的主要任务。

b. 注意采用同一规格的零部件或形式相同（或相近）的元器件，尽量采用有信誉的、质量稳定的标准产品以节省开支。

c. 要考虑本企业的制造能力和工艺水平，尽量发挥已有装备和技术优势以提高制造效率，缩短制造周期，保证质量，降低成本。

d. 对改造设备要尽量利用原设备的可利用部分，节约开支。

e. 采用新材料、新技术、新工艺和新设计时，应考虑技术上是否成熟，对本企业产品的适用性究竟如何，利用率如何。必须讲究经济效益，不能为改造而改造，盲目追求越新越好。

f. 在完成初步设计后，由用户的工艺、设备及使用部门进行方案审查。其主要目的在于审定是否达到设计任务书的技术要求。在完成技术设计后，应再次审查，主要目的在于审核设备的可靠性、维修性、操作是否方便。安全防护装置是否齐全可靠。经审查后，对协商一致的修改意见应做好记录，并由审查人员和设计人员在设备总图和审查记录上签字，经总工程师签署后交付实施。

g. 设计阶段也应按照价值工程原理加强费用管理，设计费用尽可能合理。可以采用以下措施。

a）设计前的调查研究，尽可能利用现有资料，平时就应有计划的收集、整理和分析有关设备设计的资料，专人管理，并有一套便于检索的办法。如果确实需要实地调查研究，应派得力的专业人员进行，并事先拟出调研提纲，严格控制调研费用。

b）减少图纸工作量。由于自制设备是单台或小批量的，对于某些不是必需的装配图可不必绘制。要提倡用标准图纸，以减少设计工作量。其余部分图纸要求做到标准化、规格化。

c）技术经济责任制。方案必须经过论证，既要充分听取有关人员意见，又要及时作出决断，不能议而不决，拖延时间。尽量避免到审查时才彻底推翻原方案，从头再来。实行设计、校对、审核的技术经济责任制，各负其责，使设计精度加快。

d）图纸设计完毕，应编制使用维护说明书、工作能力检查书、备件易损件清单和图册，对制造工艺的特殊要求，以及根据图纸提出来的制造费用预算表。这些资料的内容和格式应符合有关标准的规定。

e）费用预算表应较为详细地列出材料、工装和工时费用等的估算数字。应把设计图与类似复杂程度的专用设备（或通用标准设备）进行比较；若设计结构较后者先进，预计其他性能亦佳，且费用合理，即可付诸实施。在目前情况下，专用设备的自制费用不得高于类似复杂程度标准设备的 20％～30％，或不得高于专用设备制造厂类似设备的价格。否则，应重新设计计算费用，或修改设计，去掉一些不会影响设备的设计考虑。对于特殊需要而使用费用增高的设计，可另行考虑，但也不得随便增加开支。

④ 制造　自制设备可以由本企业的生产车间或机修车间制造。如委托外厂设计，则同时委托该厂制造，可参照外购设备订货办法签订合同。

设计人员参加试制工作，及时处理制造过程中发现的设计和质量问题。由制造厂的质量检验部门按产品检验制度，对零件、部件装配和总装配质量进行检查，并签发合格证。

⑤ 鉴定和验收　自制设备的管理最主要环节是质量鉴定和验收。按设计任务书和图纸规定的验收条件，由设计、制造和用户的工艺、设备、使用部门组成鉴定小组进行鉴定和验收。在鉴定时，除了要进行详细的技术规定、性能的检验和空载运转试验外，必须按照规定的工艺规范，进行工作精度试验，加工的零件数不少于 50 件。零件的精度必须达到图纸规定；班产量大于（或等于）设计规定的产量。

如果在试车鉴定中发现设计、制造的设备达不到设计任务书的规定，或者由于设计制造的缺陷，故障频发，应由设计、制造单位修改清除缺陷，然后再进行试验，直至达到合格，在鉴定书上签字验收。

在鉴定完毕后，设计单位应将完整的技术资料（包括零件图、装配图、基础图、质量标准、说明书、易损件和附件清单等）移交给用户的设备管理部门、制造部门。

费用结算表中，设计费和制造费之和超出预算部分，若是由于管理不善或不按计划开支造成的，设备管理部门应不予承认，财务部门应不予报销。

2.2　设备使用期的日常管理

2.2.1　设备使用期管理的任务和工作内容

在设备构成期只发生对设备的投入，即科研、设计、制造、检验、运输费用的投资；到设备使用期才发生设备的输出，即为企业生产服务，使企业获得效益。质量和性能好的设备，如果不能正确使用、精心维护、科学检修，也就不可能正常经济的运行，企业当然不能获得预期数量和质量的产品，设备投资就无法按预计期限回收。所以，构成期管理只能为使用期有高综合效能打下基础，使用期管理是发挥构成期管理成果的直接因素。

（1）设备使用期管理的基本任务

① 采用群众维护、预防检修、状态检测、合理润滑和备件供应等措施来保证设备的最佳技术状态，提高设备的完好率和时间可利用率。

② 合理使用设备，提高设备利用率，充分发挥设备潜力。

③ 进行成本核算、经济活动分析等工作。采取技术革新，节约能源和材料等措施，降低设备使用期费用。

④ 做好设备的改造，更新工作，提高设备的技术水平和经济效益，

（2）设备使用期管理的主要内容

① 工程技术方面　安装调试、维护、润滑、改造等方面的技术工作和技术管理工作。

② 经济财务方面　折旧基金和大修基金管理、固定资产管理、维修成本核算与分析、设备利用经济效益分析、设备改造经济效益分析等经济工作。

③ 生产组织方面　组织机构、修理计划、生产准备、备件供应的管理工作。

2.2.2　设备的安装验收与移交

设备全过程管理关键环节之一，就是设备的安装验收与移交。

设备在安装前，首先应选择设备的安装地点，确定工艺布局。

如果在设备的计划和选型阶段进行了技术分析和企业工业布局规划，则在设备到厂以前

就应该选择好安装位置，准备好如照明、空调等工作环境。还应组织好操作和维修人员的培训，铺设水、气（汽）、电等线路。

外设设备到厂后，应由设备采购部门会同项目负责的有关部门（即基建、技措、安装施工等）及设备管理部门共同组织开箱检验。主要检查设备在运输过程中各部位有无损伤，当场清点零件、备件、附件、技术文件与装箱单是否相符，并填写设备开箱验收单。尤其要注意进口设备，必须按规定期限，及早进行验收，以免延误索赔期。

（1）设备交验应具备的条件

对于自制设备，应由设备设计单位负责召集组织设备制造、管理、使用等有关部门参加交验工作。

① 有设计任务书（有申请责任者、审核和批准者签名），对设备的技术性能、主要参数、使用要求等明确清楚。

② 设备审批手续齐全，设计达到任务书要求。

③ 制造完工、配套齐全、检验合格、经过 3～6 个月试生产证实性能稳定，生产实用。

④ 设备技术文件（说明书、主要图纸资料等）齐备，具备维修保养条件。

（2）在选择安装地点时应注意的问题

① 环境和设备的相互影响。如重型锻压设备的震动及铁路对附近精密设备的加工影响。

② 按工艺流程合理布置设备，减少零件周转时间与场内运输费用。

③ 合理的能源供应方式。对于耗电大的设备应靠近变电站；空气压缩机站应远离仪器、仪表控制中心。

④ 企业的发展规划和组织机构。

⑤ 发挥设备最高利用率。

当设备安装完毕时，应由项目负责部门会同有关技术、设备、安装、安全等部门，做安装质量检查、精度检查，并按规定先做空载运转，再作负荷试车。对于大型装置还必须联动试车，试生产等，经检验合格，由筹建单位办理设备移交手续。填写设备安装移交验收单、设备精度检验记录单、设备运转试验记录单，经参加验收人员共同签字后送项目负责部门、使用部门、设备部门、财务部门各一份，对于关键设备（高精度、大型、重型、稀有）还应有总工程师、主管厂长参加验收、移交工作，并批准签字。

随机附件应由设备部门负责按照装箱单逐项清点，并填写设备附件工具明细表。它应由使用部门负责保管。随机技术文件明细表填写完后，应由技术档案室存档，还要填写备件入单库，并由备件厂库办理入库手续。

对自制设备，鉴定验收后，应算出资产价值并与投资概算进行比较分析，办理移交手续。

2.2.3　进口设备管理

（1）技术引进和进口设备概念

通过一定形式引进国外先进的技术和知识、经验、成果称之为技术引进。技术引进的内容，应包括购买专利技术。即包括购买产品的设计资料、制造工艺、测试方法、材料配方或成分等制造过程中的技术材料；也包括技术输出方为使引进方掌握引进技术提供的技术人员培训，或技术输出方人员提供的现场指导等。技术引进可以提高自制能力和设备制造水平，其费用比进口设备低得多。

进口设备的优点是上马快、周期短、能迅速形成生产能力和迅速填补空白，克服生产过程中的薄弱环节。但进口设备花外汇多，又不能解决设备的制造方法、技术问题。不过技术大都体现在产品上，如果进口样机或进口国内的空白及关键设备，也是技术引进的一种形式。因此在实际工作中，往往把进口设备与引进技术等同视之，称之"引进设备"。

（2）进口设备的方式

目前一些企业进口设备的方式有以下几种。

① 先进技术和成套装置同时引进。这对于迅速发展国民经济、尽快形成生产力及迅速改变技术落后状态是可取的，必要的。以后的技术引进，应着重从引进不同产品的先进技术和装置或同一产品的不同技术和装置，过渡到只购买国外技术专利和主要设备，其余全部由国内承包工程设计、设备制造和整个工程建设。

② 引进先进技术，并从国外进口关键设备、仪器和样机。目的在于使引进技术尽快形成生产能力，或利用进口的关键设备、仪器样机，填补空白，加速产品更新换代。

③ 引进产品生产线，从国外进口全套或大部分生产设备。

④ 承接外商来料加工和装配业务中所进口的有偿与无偿的生产设备。

⑤ 合资生产、合资经营从国外进口设备。

⑥ 生产合作（即与外商合作，共同生产一种产品）从国外进口设备。

⑦ 外商馈赠的设备等。

（3）进口设备的管理

① 计划管理是搞好进口设备的规划，达到预期目的和要求的前提。企业都应拟定一个比较稳定的中、长期技术改造和设备更新规划，确定进口的设备项目，以便及早收集情报，摸清国外情况（技术先进程度、价格等），并做好国内配套的各项工作。在制定规划时，要根据资金来源（利用外资和国内贷款）与偿还能力，国内设备的配套能力、企业技术水平和管理水平以及科学技术发展的趋向，量力而行，循序渐进。

制定一个切实可行的规划，必须对每一台需要进口的设备进行可行性研究，作好技术、经济分析、论证。选择技术先进、生产适用、经济合理的设备，特别要注意引进那些"适用技术"。既要从本国的实际情况出发，根据国情和国力（对进口设备的消化能力，备品配件的供应能力，原料、动力、维修能力，技术管理能力等），进行多方面的评价和比较，有选择地引进技术和设备。反对盲目引进所谓"高新技术"。

制定规划和编制计划时，应由企业主管技术的总工程师组织，有计划、设备、基建、财务、技术、供应等有关部门参加讨论和研究。总工程师要能善于听取设备主管部门的意见和建议，要让设备主管部门提方案或提出初审意见。

② 考察和谈判是计划确认后进行的。设备主管部门应直接参与对外谈判和出国考察。这样做有利于对引进技术中需要配套设备的分析，判断哪些是必须进口的，哪些是可以在国内配套的，哪些可以利用已有设备进行改进，避免进口国内能解决的设备。也有利于对进口设备的价格和成套性、维修性、节能性等的审查。

在考察和谈判中，能学习和了解国外设备方面的先进技术和管理方法，有利于设备管理部门今后做好设备的安排、维护、修理和对国内配套设备的选型。

有利于设备部门及时做好配套、安装的准备工作，促使工程项目早日投产。

③ 同外商判断应注意的技术策略问题。

对外商的报价要从技术、性能、价格、设备成交、合作制造、合作条件、利用外资贷款的可能性等方面综合分析，进行选择。要贯彻技术和经济相结合的原则，把适用的先进技术放在第一位。而不是谁便宜就买谁的，这方面已有不少教训。

由有关部门组成联合谈判小组，共同商量谈判计划、方案和策略，共同遵守，一致对外。尽量让外商先提出方案，有利于迅速权衡和制定对策。

第一线谈判小组应精干，出国考察人员应作为主要人员参与。主要谈判人员不要中途更换。谈判要灵活掌握，适时成交，不要因急于求成而造成被动。

要了解和熟悉国际上通行做法和趋势，善于进行有理、有利、有节的斗争，对于外商的不合理要求和条款，要善于抵制和拒绝。

为做好设备进口工作，还应熟悉有关外汇、外贸、税务、海关和商检等方面的业务知识。

④ 无论是技术引进工程，还是单机进口，除了直接参与判断、考察工作外，设备主管部门要抓住前期管理几个环节。

a. 做好口岸接近和运输工作。设备到达口岸（机场、港口、车站）后，订货企业应有专人驻港了解情况，掌握进口设备的船期、箱号、名称、数量。并配合货物管理部门分清批次，核对到货地点、名称是否与合同相符，查清到货件数，检查箱体有无残损；对残损问题要协助到货部门严格分清原残、工残，并及时取得船方或港务部门的有效认证。对于重要设备，应派专人负责押运。要检查有保温、防潮、防振等特殊要求的设备，在运输中是否按要求办理。做好设备入库管理。设备运抵工厂后，应立即入库。保管员应按照保管标记，分类保管，保证开箱及安装时按需要随时出库。做好防火、防盗、防水、防虫等工作。对那些临时不能入库的设备，要加盖苦布，并要采取适当安全措施。做到账物相符，入库、出库手续交代清楚。

b. 检验和索赔。检验是进口工作的重要环节。进口设备到货以后，应组织专门机构和人员负责这一工作。要及时开箱检验，并迅速安装试车，这样才能发现设备的规格、质量和数量是否与合同相符，以便及时提出索赔。如合同规定卖方参加开箱检验，则应通知卖方到场。如果由商品检验局办理检验，则检验时应通知商品检验局，到现场复检、出具证明。进出口公司在货到达口岸之日起 90 天内凭检验证提出索赔。如货物抵达现场以后由于某种原因不能按时开箱检验，则应向进口公司提出申请，经同意后才能延期检验。

开箱检验应检查货物是否完整，开箱后查点箱内文件、单据、技术资料是否齐全，核对实物是否与装箱单和合同相符。若本单位不具备某些设备检验条件，应提前与有关单位联系。除按规定在设备到达目的港后若干天进行初步检验外，还应尽快安装投入使用。在质量保证期内（一般为 12 个月）如发现质量和性能上有缺陷，达不到合同规定要求时，可凭检验证书向卖方提出索赔。

c. 设备的安装。设备开箱检验后，应立即组织人员消化设备的技术说明书和图纸，了解设备的性能、结构、接线方式，绘制安装基础图和管理图线，制定安装计划，准备材料、工具。做好浇灌基础、设备上位、清洗、接线工作。

设备安装试车，应有生产车间人员参加。在设备试车前就应定人、定机、定操作规程和维护保养制度。对那些应由卖方参加试车的设备应通知卖方参加。试车（试测）应按技术说明书的规定进行，试车中发现的问题应及时分析，并按规定处理。

试生产中的技术培训工作。设备安装后的试生产阶段，首先碰到的问题，是操作者对设备的性能、结构、原理等不熟悉和不会操作。因此，要组织以出国或在国内培训过的维修人员、工程技术人员和操作工程人做老师，进行操作知识、安全和保养知识的培训。

2.2.4 设备的租赁

租赁设备不仅可以租赁国产设备还可以从国外引进设备。按这种租赁方式，租赁公司不直接向企业贷款，而是将购入的设备租给企业，使用设备的企业负责设备的选择、维护、修理，并可以边生产，边产生利润，边付租金。这是解决开工初期筹建资金困难，提高资金利用率的措施。

设备的租赁有两种形式。一种是设备使用单位之间由于生产人物变化，设备不均，进行互相支援和调剂。另一种是使用资金不足，向专业租赁公司租赁设备。

设备的租入租出，一般是由于租入单位临时紧张，而短期内又占不到货源，租出单位则由于季节性停工或产品变化、工艺改变等原因有暂时不需要的设备。

设备租赁时租入租出单位双方应签订租赁合同，内容包括：

① 租赁设备的名称、型号、规格和数量；

② 租赁期限以及租赁起止日期；

③ 租金数额及结算方法；

④ 双方应承担的经济责任，如大修应由谁负责，租赁期进行改造增添附件时如何处理等。

⑤ 其他双方认为必须明确的问题。

租出企业对设备所有权不变，继续提取折旧和大修费用。租入单位不能将设备列入固定资产，只负责经常维修费用开支。

设备使用企业向专用租赁公司租赁设备，是社会大生产发展的产物，是设备商品的产物，这种做法类似于用分期付款的办法购置设备，设备使用单位定期支付租金，就可以获得设备的使用权，直至最后获得产权。这是减少国家对企业设备费用的投资，搞活设备管理的好办法。

当租赁期满以后，可以采取续租、设备退回租赁公司、由使用单位购买这三种形式处理。

2.2.5 设备的故障与事故管理

在化工生产中，设备故障与设备事故是无法避免的，是客观存在的，但在生产中应努力使故障发生率降到最小限度，取得最佳的经济效益。为此，研究设备故障，消灭和减少设备故障是从事设备管理与维修工作者的一项重要任务。

2.2.6 设备管理与公害

工厂开工后可能发生的公害，有以下几个方面。

① 燃烧排出气体和剩余排出气体。如硫的氧化物、氨的氧化物和硫化氢等有害气体。

② 废水、废液。如油、酸、碱、腐蚀物、氢、纸浆废液和重金属类废液。此外还有温度较高的冷却排水等。

③ 噪声。如泵、空气压缩机、鼓风机以及其他直接生产设备、运输设备等发生的噪声。

④ 振动。如空气压缩机、鼓风机以及其他直接生产设备等所产生的各种振动。

⑤ 恶臭。生产工艺、原料、产品的储存、运输等环节泄露出少量有臭物质，例如，硫

醇、氨等。

⑥ 地盘下沉。由于工厂汲取地下水而造成的地盘下沉。

⑦ 光、热。主要是由火炬管的辉光焰造成的光和热。

⑧ 工业废弃物、塑料、浓缩污泥和炉渣等。

要想防止公害产生，就必须投资安装防止公害的设备，同时还要对这些设备维修保养好。应当将防公害设备看作为生产系统的一部分，否则防公害设备一旦发生故障，就必然导致生产设备停产。

因此，在化工厂的设备设计阶段，不但应考虑防公害的设备要配套齐全，还应该认真考虑公害设备的维修保养问题。

2.2.7　设备的封存与保管

在正常情况下，企业的设备都应该是长期正常运转的设备。对生产所必须而又短期使用的设备，可以通过租赁或其他办法解决。所以不应该也不允许发生设备长期闲置的现象。可是，由于生产形势的大幅度变化等原因，会造成企业有一定数量的设备长期闲置。这批闲置设备不能发挥经济效益反而给企业管理带来压力。其实设备封存并不能解决实质性问题，只是由于采取了正式的、集中的封存保管措施，使国家财产遭受自然损耗的程度降至最低限度，有效地保护了国家财产也减轻了企业的压力。设备在封存期内，不考核设备指标，不提取折旧与大修基金。

另外还有一种性质不同的封存措施。即国家为了节约能源，使用行政干预手段硬性规定企业在一定时间内按一定比例封存设备。在封存的保管措施上可参照一般封存的要求来执行。

(1) 机械设备封存的条件及要求

① 凡已停用 6 个月以上而又估计不为企业所需要的机械设备，由机械设备管理部门负责填写"机械设备封存清单"，报上级主管部门批准后才能进行封存。

② 凡申请封存的机械设备，必须做到技术状态良好，附件齐全，并要挂上醒目的封存牌。对已损坏的机械设备应予以修复并验收合格后，才能封存。

③ 凡已批准封存的机械设备又需要使用时，应首先由机械管理部门填报"机械设备启封请单"，经上级主管部门批准后才能启封使用。严禁未经批准擅自使用封存的机械设备。

④ 设备的封存工作，一般由设备科（或机动科）组织原使用部门及技术、安全等部门的有关人员到现场进行。封存的设备必须保持其结构完整、技术状态良好，并在封存前进行清洗，涂抹必要的防锈油脂。对化工设备尤应注意将内部物料清除干净，并彻底清洗，严密加封，并做好防锈和防腐蚀措施。设备封存后要指定专人保管，定期检查。所有封存设备要达到完好设备要求，并列入设备检查内容之一。

⑤ 对闲置设备应积极进行处理，闲置两年以上或产品转产不用的设备，可报请上级主管部门协助处理。上级有权调给其他单位使用。设备封存期间不提取基本折扣和大修基金。

(2) 封存设备的保管工作

设备封存的目的之一，是要提高保管质量，保护其不受损失。要采取妥善措施，切实加强封存设备的保管保养工作，使设备始终处于良好的技术状态或至少保持现有的技术状态，不致遭到自然损蚀而日益劣化。

凡新设备或大修出厂后未经磨合的机械设备封存时，应在封存前完成磨合程序并进行磨合保养工作，以便使设备处于磨合完了正常待用状态。防止将来封存日久，一旦启封时发生遗漏磨合程序的现象。如果由于客观条件限制，达不到上述要求，则应该明显标明。

凡带有附属装置的机械设备，应尽可能将其附属装置集中就近存放，避免主机入库，附件散置各处，天长日久易发生错配或丢失现象。

一切设备的工作装置均不得悬空放置。如工程机械的铲斗、刀片等均以木方垫起；履带下也要以木方、水泥制块、碎石层或石渣等垫起，避免与泥土地面接触，造成腐蚀。对电气设备一定要切断电源，并做好防潮、防尘、防水等措施。

（3）封存设备启用

当封存的设备决定再用时，应由使用单位办理再用手续，填写"启用申请单"（一式三份）报设备动力部门批准，并收回封存标志牌。启封单一份退回使用部门，作为启封的凭证；一份交财务部门作为继续提取折旧和收缴占用费的依据；一份留设备动力部门存档。

2.2.8 设备的报废

凡属固定资产的设备如需报废，必须提出申请，经过鉴定批准才能处理。设备未经批准报废以前，设备使用部门不得拆卸、挪用设备零部件。设备报废关系到国家固定资产的利用，必须尽量做好"挖潜、革新、改造"工作。

（1）设备报废的条件和分类

设备主要结构严重损坏无法修复或在经济上不宜修复、改装，或属国家政策规定必须淘汰的设备，可申请报废。根据不同原因，报废可分为以下几点。

① 事故报废 设备由于重大设备事故或自然灾害等原因，损坏至无法修复或已不值得修理而造成的报废。

② 损蚀报废 设备由于长期使用以及自然力的作用使其主体部位遭受磨损、腐蚀变质、变形、劣化至不能保证安全生产或其本体丧失使用价值而造成的报废。一般情况下也不能采取修理的方法来解决，这种类型的报废基本上也就是自然寿命终了的象征。

③ 技术报废 设备由于技术寿命终了而形成的报废。这种类型的报废也就是设备更新的前提。

④ 经济报废 设备由于经济寿命终了而退役。如果当时社会上已有更先进的同类设备可供选用，那么这种类型的报废也就应成为实现设备更新的一种机会。在社会技术更新步伐较快的国家，这已是一种正常现象。

⑤ 特种报废 凡由于不是前述几种原因而造成的设备报废统称为特种报废。例如某些小批量的进口机械，当随机配件用尽后，往往长期处于停滞等待配件状态，这种配件国内不生产，进口无渠道，最后设备不得不予以报废。

在上述 5 个类型中，凡属③、④两项报废的设备，假如国家未明文规定不准流入社会继续使用，那么可以允许以优惠的条件向需用对象或企业转让，不一定就成为废品。

（2）设备报废的手续

设备的报废，涉及巨额资金的核销和国家财产的报废问题，所以必须严肃认真地对待。报废的程序和有关规定如下。

① 由设备主管部门主持，吸收有关人员组成"三结合"小组，对报废机械设备作出详细、正确、全面的技术鉴定。确认符合报废条件后，填写"机械设备报废"申请（一式三份），经设备技术负责人和当地建设银行签署意见后，报上级主管部门审批。

② 批准报废的设备，除汽车按国家已有规定处理外，凡能改制、利用的材料、零部件及辅机，应充分利用，并作价入账，作为残值的一部分。

③ 设备必须提够折旧费后才能批准报废，其剩余净值可在报废审批中核销。处理报废设备的资金，只能用于设备的更新和改造。

④ 审批报废的权限以单机原值为依据，按规定的限额划分，高于限额以上的机械设备的报废，由省、市、自治区主管部门批准；低于限额的机械设备报企业上一级主管部门批准；重要设备要到有关部门备案。

⑤ 经上级正式批准报废的设备，应根据批准文件及时按台销账。

（3）报废设备的处理

当前在机械设备的报废工作中，普遍不注意报废后的清理工作。往往报废销账以后仍是原机原形停在原处，不仅影响到残值的回收，而且造成一种管理混乱的现象。这种现象不符合"增产节约、增收节支"的方针。所以在机械设备批准报废后应及时清理，并尽量做到物尽其用。例如，对有些报废设备可以作价出售给能利用的单位，或者将可利用的零部件、附件、电机等拆下留用，其余做废料处理。自批准报废起该设备则从资产中注销。

 思考题

2-1　设备的日常管理分为哪两个阶段？

2-2　中国工业企业增添设备的国内资金来源有哪些？

2-3　简述设备造型的原则及应考虑的因素。

2-4　说明设备日常管理的过程。

2-5　目前企业进口设备的方式有哪几种？

2-6　设备校验应具备哪些条件？

2-7　设备报废的类型有哪几种？

第3章 设备资产管理

设备资产是企业固定资产的重要组成部分，是进行生产的技术物资基础。本书所述设备资产管理，是指企业设备管理部门对属于固定资产的机械、动力设备进行的资产管理。要做好设备资产管理工作，设备管理部门、使用单位和财会部门必须同心协力、互相配合。设备管理部门负责设备资产的验收、编号、维修、改造、移装、调拨、出租、清查盘点、报废、清理更新等管理工作；使用单位负责设备资产的正确使用、妥善保管进行维护，并对其保持完好和有效利用直接负责；财会部门负责组织制定固定资产管理责任制度和相应的凭证审查手续，并协助各部门、各单位做好固定资产的核算及评估工作。

设备资产管理的主要内容包括生产设备的分类与资产编号、重点设备的划分与管理、设备资产管理基础资料的管理、设备资产变动的管理、设备的库存管理、设备资产的评估。

3.1 固定资产

企业的固定资产是企业资产的主要构成项目，是企业固定资产的实物形态。企业的固定资产在企业的总资产中占有较大的比重，在企业生产经营活动中起着举足轻重的作用，作为改变劳动对象的直接承担者——设备，又占固定资产较大的比重。设备是固定资产的重要组成部分。因此，研究设备管理之前，首先要了解固定资产。

3.1.1 固定资产的特点

作为企业主要劳动资料的固定资产主要有三个特点。

① 使用期限较长，一般超过一年。固定资产能多次参加生产过程而不改变其实物形态，其减少的价值随着固定资产的磨损逐渐地、部分地以折旧形式计入产品成本，便随着产品价值的实现而转化成为货币，脱离其实物形态。随着企业再生产过程中的不断进行，留存在实物形态上的价值不断减少而转化成货币形式的价值部分不断增加，直到固定资产报废时再重新购置，在实物形态上进行更新，这一过程往往持续很长时间。

② 固定资产的使用寿命需合理估计。由于固定资产的价值比较高，它的价值又是分次转移的，所以应估计固定资产的使用寿命，并据以确定分次转移的价值。

③ 企业供生产期经营使用的固定资产以经营使用为目的，而不是为了销售，例如一个机械制造企业，其生产零部件的机器是固定资产，生产完工的机器（是准备销售的机器）则是流动资产中的产成品。

3.1.2 固定资产应具备的条件

供企业长期使用，多次参加生产过程，价值分次转移到产品中去，并且实物形态长期不变的实物，并不都属于固定资产，满足下列条件的可称为固定资产。

① 使用期限超过一年的房屋及建筑物、机器、机械运输工具以及其他与生产经营有关的设备、器具及工具等。

② 与生产经营无关的主要设备，但单位价值在 2000 元以上并且使用期限超过两年的物品。

从以上条件可以看出，对于生产经营有关的固定资产只规定使用时间一个条件，而对于生产经营无关的主要设备，同时规定了使用时间和单位价值标准两个条件，凡不具备固定资产条件的劳动资料，均列为低值易耗品。有些劳动资料具备固定资产的两个条件，但由于更换频繁，性能不够稳定，变动性大，易于损坏或者使用期限不固定等原因，也可不列做固定资产。固定资产与低值易耗品的具体划分，应由行业主管部门组织同类企业制定固定资产目录来确定。列入低值易耗品管理的简易设备，如砂轮机、台钻、手动压床等，维修管理部门也应建账管理和维修。

3.1.3 固定资产的分类

为了加强固定资产的管理，根据财会部门的规定，对固定资产按不同的标准做如下分类。

① 按经济用途分类，有生产经营用固定资产和非生产经营用固定资产。生产经营用固定资产是指直接参加或服务于生产方面的在用固定资产；非生产性经营用固定资产是指不直接参加或服务于生产过程而在企业非生产领域内使用的固定资产。

② 按所有权分类，有自有固定资产和租入固定资产，在自有固定资产中又有自用固定资产和租出固定资产两类。

③ 按使用情况分类，有使用中的、未使用的、不需要用的、封存的和出租的。

④ 按所属关系分类，有国家固定资产、企业固定资产、租入固定资产和工厂所属集体所有制单位的固定资产。

⑤ 按性能分类，有房屋、建筑物、动力设备、传导设备、工作机器及设备、工具、仪器、生产用具、运输设备、管理用具、其他固定资产。

3.1.4 固定资产的计价

固定资产的核算既要按实物数量进行计算和反映，又要按其货币计量单位进行计算和反映，以货币为计算单位来计算固定资产的价值，称为固定资产的计价。按照固定资产的计价原则，对固定资产进行正确的货币计价是做好固定资产的综合核算，真实反映企业财产和正确计提固定资产折旧的重要依据，在固定资产核算中常计算以下几种价值。

（1）固定资产原始价值

原始价值是指企业在建造、购置、安装、改建、扩建、技术改造某项固定资产时所支出的全部货币总额，它一般包括买价、包装费、运杂费和安装费等。企业由于固定资产的来源不同，其原始价值的确定方法也不完全相同。从取得固定资产的方式来看，有调入、购入、接受捐赠、融资、租入等多种方式，下面分这几种情况进行说明。

① 购入固定资产。购入是取得固定资产的一种方式，购入的固定资产同样也要遵循历史成本原则，按实际成本入账，即按照实际所支付的购价、运费、拆卸费、安装费、保险费、包装费等，计入固定资产的原值。

② 借款购置。这种情况下的固定资产计价有利息费用的问题，为购置固定资产的借款利息支出和有关费用，以及外币借款的折算差额。在固定资产尚未办理竣工结算之前发生的，应当计入固定资产价值。在这之后发生的，应当计入当期损益。

③ 接受捐赠的固定资产的计价。这种情况下，所取得的固定资产应按照同类资产的市场价格和新旧程度估计入账，即采用重置价值标准；或者根据捐赠者提供的有关凭据确定固定资产的价值，接受捐赠固定资产时发生的各项费用，应当计入固定资产价值。

④ 融资租入的固定资产的计价。融资租赁有一个特点，就是在一般情况下，租赁期满后，设备的产权要转移给承租方，租赁期较长，租赁费中包括了设备的价款、手续费、借款利息等。为此，融资租入的固定资产按租赁协议确定的设备价款、运输费、途中保险费、安装调试费等支出记账。

（2）固定资产重置完全价值

重置完全价值是由企业在目前生产条件和价格水平条件下，重新购置固定资产时所需的全部支出。企业在接受固定资产馈赠或固定资产盘盈时无法确定原值，可以采用重置完全价值计价。

（3）净值

净值又称折余价值，是固定资产原值减去其累积折价的差额，它是反映继续使用中固定资产尚未折旧部分的价值。通过净值与原值的对比，可以一般地了解固定资产的平均新旧程度。

（4）增值

增值是指在原有固定资产的基础上进行改建、扩建或技术改造后增加的固定资产价值。增值额为由于改建、扩建或技术改造而支付的费用减去过程中发生的变价收入。固定资产大修理工程不增加固定资产的价值，但如果与大修理同时进行技术改造，则进行技术改造的投资部分，应当计入固定资产的增值。

（5）残值与净残值

残值是指固定资产报废时的残余价值，即报废资产拆除后留余的材料、零部件或残体的价值，净残值则为近残值减去清理费用后的余额。

3.1.5 固定资产折旧

在固定资产的再生生产过程中，同时存在着两种形式的运动：一是物质运动，它经历着磨损、修理改造和实物更新的连续过程；二是价值运动，它依次经过价值损耗、价值转移和价值补偿的运动过程。固定资产在使用中应磨损而造成的价值损耗，随着生产的进行逐渐转移到产品成本中去，形成价值的转移，转移的价值通过产品的销售，从销售收入中得到价值补偿。因此，固定资产的两种形式的运动都是相互依存的。

固定资产折旧，是指固定资产在使用过程中，通过逐渐损耗而转移到产品成本或商品流通费中的那部分价值。其目的在于将固定资产的取得成本按合理而系统的方式，在它的估计有效使用期间内进行摊配。应当指出，固定资产的消耗为有形和无形两种。有形消耗是固定资产在生产中的使用和自然力的影响而发生的在使用价值和价值上的损失。无形损耗则是由于技术的不断进步，高效能的生产工具的出现和推广，从而使原有生产工具的效能相对降低而引起的损失，或者由于某种新的生产工具的出现，劳动生产率提高，社会平均必要劳动量的相对降低，从而使这种新的生产工具发生贬值，因此在固定资产折旧中不仅要考虑它的有形损耗，而且要适当考虑它的无形损耗。

（1）计算提取折旧的意义

合理地计算提取折旧，对企业和国家具有以下作用和意义。

① 折旧是为了补偿固定资产的价值损耗，折旧资金为固定资产的适时更新和加速企业的技术改造，促进技术进步提供资金保障。

② 折旧费是产品成本的组成部分，正确计算提取折旧才能真实反映产品成本和企业利润，有利于正确评价企业经营成果。

③ 折旧是社会补偿基金的组成部分，正确计算折旧可为社会总产品中合理划分补偿基金和国民收入提供依据，有利于安排国民收入中积累和消费的比例关系，搞好国民经济计划和综合平衡。

（2）确定设备折旧年限的一般原则

各类固定资产的折旧年限要与其预定的平均使用年限相一致，确定平均使用年限时应考虑有形损耗和无形损耗两方面因素。

确定设备折旧年限的一般原则如下。

① 统计、计算历年来报废的各类设备的平均使用年限，分析发展趋势，并以此作为确定设备折旧年限的参考依据之一。

② 设备制造业采用新技术进行产品换型的周期，也是确定折旧年限的重要参考依据之一，它决定老产品的淘汰和加速设备技术更新。目前工业发达国家产品换型周期短，大修设备不如更新设备经济，因此设备折旧年限短，一般为 8～12 年。过去，我国长期 25～30 年计算折旧，不能适应设备更新和企业技术改造的需要，近几年来逐步向 15～20 年过渡。随着工业技术的发展，将会进一步缩短设备的折旧年限。

③ 对于精密大型重型稀有设备，由于其价值高而一般利用率较低，且维护保养较好，故折旧年限应大于一般通用设备。

④ 对于铸造锻造及热加工设备，由于其工作条件差，故其折旧年限应比冷加工设备短些。

⑤ 对于产品更新换代较快的专用机床，其折旧年限要短，应与产品换型相适应。

⑥ 设备生产负荷的高低、工作环境条件的好坏，也影响设备使用年限，实行单向折旧时应考虑这个因素。

设备折旧年限实际上就是设备投资计划回收期，过长，则投资回收慢，会影响设备正常更新和改造的进程，不利于企业技术进步；过短，则会使产品成本提高，利润降低，不利于市场销售。因此，财政部有权根据生产发展和适应技术进步的需要，修订固定资产的分类折旧年限和批准少数特定企业的某些设备缩短折旧年限。

（3）折旧的计算方法

根据折旧的依据不同，折旧费可以分为按效用计算或按时间计算两种。按效用计算，折旧就是根据设备实际工作量或生产量计算折旧，这样计算出来的折旧比较接近设备的实际有形损耗。按时间计算折旧就是根据设备实际工作日历时间计算折旧，这样计算折旧比较简便，对某些价值大而开动时间不稳定的大型设备，可按工作天数和工作小时来计算折旧，每工作单位时间小时提取相同的折旧费，对某些能以工作量（如生产产品的数量）直接反映其磨损的设备，可按工作量提取折旧，如汽车可按行驶里程来计算折旧。从计算提取折旧的具体方法上看，我国现行主要采用平均年限法和工作量法，工业发达国家的企业为了较快地回收投资，减少风险，也利于及时采用先进的技术装备，普遍采用加速折旧法，下面对上述几种计算折旧的方法加以介绍。

① 平均年限法　平均年限法又称直线法，即在设备折旧年限内按年或月平均计算折旧。固定资产的折旧额和折旧率的计算公式如下：

$$A_年 = \frac{K_0(1-\beta)}{T} \tag{3-1}$$

式中　$A_年$——各类固定资产的年折旧额；

　　　K_0——各类固定资产原值；

　　　β——各类固定资产净残值占原值的比率（取 3%～5%）；

　　　T——各类固定资产的折旧年限 。

$$\alpha_年 = \frac{A_年}{K_0} \times 100\% \tag{3-2}$$

式中　$\alpha_年$——各类固定资产的年折旧率。

$$A_月 = \frac{A_年}{12} \tag{3-3}$$

式中　$A_月$——各类固定资产的月折旧额。

$$\alpha_月 = \frac{\alpha_年}{12} \tag{3-4}$$

式中　$\alpha_月$——各类固定资产的月折旧率。

② 工作量法　对某些价值很高而又不经常使用的大型设备，采取工作时间（或工作台班）计算折旧；汽车等运输设备采取按行驶里程计算，这种计算方法称为工作量法。

a. 按工作时间计算折旧

$$A_时 = \frac{K_0(1-\beta)}{T_时} 或 A_班 = \frac{K_0(1-\beta)}{T_班} \tag{3-5}$$

式中　$A_时$，$A_班$——单位小时及工作台班折旧额；

　　　$T_时$，$T_班$——在折旧年限内该项固定资产总工作小时及总工作台班定额；

　　　K_0，β——同式（3-1）。

b. 按行驶里程计算折旧

$$A_{km} = \frac{K_0(1-\beta)}{L_{km}} \tag{3-6}$$

式中　A_{km}——某车型每行驶 1km 的折旧额；

　　　L_{km}——某车辆总行驶里程定额；

　　　K_0，β——同式（3-1）。

③ 加速折旧法　加速折旧法是一种加快回收设备投资的方法，即在折旧年限内，对折旧总额的分配不是按年平均，而是先多后少逐年递减，常用的有以下几种。

a. 年限总额法。将折旧总额乘以年限递减系数来计算折旧，见式（3-7）。

$$A_i = \frac{T+1-t_i}{\sum\limits_{i=1}^{T} t_i} K(1-\beta) = \frac{T+1-t_i}{1/2T(T+1)} K(1-\beta) \tag{3-7}$$

式中　　A_i——在折旧年限内第 i 年的折旧额；

　　　　t_i——折旧年限内的第 i 年度；

　T，K_0，β——同式（3-1）；

$\dfrac{T+1-t_i}{1/2T(T+1)}$——年限递减系数。

b. 余额递减法。余额是指计提折旧时尚待折旧的设备净值，以其作为该项设备折旧的基数，折旧率固定不变，因此设备折旧额是逐年递减的，计算式如下

$$A_i = \alpha_{\text{年}}\, Z_i \tag{3-8}$$

式中　A_i——同式（3-7）；

　　　Z_i——第 i 年提取折旧时的设备净值；

　　　$\alpha_{\text{年}}$——指固定折旧率。

（4）计提折旧的方式

我国企业计提折旧有三种方式。

① 单项折旧。即按每项固定资产的预定折旧年限或工作量定额分别计提折旧，适用于工作量法计提折旧的设备和当固定资产调拨调动和报废时分项计算以及折旧的情况。

② 分类折旧。即按分类折旧年限的不同，将固定资产进行归类，计提折旧，这是我国目前要求实施的折旧方式。

③ 综合折旧。即按企业全部固定资产综合折算的折旧率计提总折旧额。这种方式计算简便，其缺点是不能根据固定资产的性质、结构和使用年限采用不同的折旧方式和折旧率。过去我国大部分企业采用此方法计提折旧。

3.2　设备分类

准确地统计企业设备数量并进行科学的分类，是掌握固定资产构成，分析工厂生产能力，明确职责分工，编制设备维修计划，进行维修记录和技术数据统计分析，开展维修经济活动分析的一项基础工作。设备分类方法很多，可以根据不同需要从不同角度来划分。下面介绍几种主要分类方法。

3.2.1　按编号要求分类

工业企业使用的设备品种繁多，为便于固定资产管理、生产计划管理和设备维修管理，设备管理部门对所有生产设备必须按规定的分类进行资产编号，这是设备基础管理工作的一项重要内容。

（1）图号、型号、出厂号与资产编号的区别

对同一台设备来说，有图号、型号、出厂后和资产编号之分，它们有着不同的含义和用途。图号是指对设备进行设计，使其制造用图样的编号，用以区别其他设备的设计图样。对专用设备及其他非标准设备，其图号还起到代替型号的作用。设备管理部门可以利用设备图样编制设备的备件图册，例如 S-1001 图号表示沈阳第一机床厂设计制造的第一种专用车床

的设计图样的编号，亦即专用型号。

型号是设备、产品的代号，一般用以区别不同设备的结构特性和形式规格。企业在设备选型订货及技术管理工作中，型号是大家公认的最常用的一种称谓，例如型号 MG1432 即最大磨削直径 320mm 的高精度万能外圆磨床。

出厂号是设备产品检验合格后在产品标牌上标明的该设备的出厂顺序号，有的也称为制造厂编号，用于区别其他出厂产品。当购方需要与制造厂联系处理所购设备的有关问题时，必须说明订货合同号、设备型号与出厂号。

资产编号用来区别设备资产中某一设备与其他设备，故每台设备均应有自己的编号，新设备安装调试合格验收后，由设备部门给予编号，并填入移交验收单中。使用单位的财会部门和设备管理维修部门据以建立账卡，纳入正常管理。

（2）设备分类

对设备进行分类编号的目的，一是可以直接从编号了解设备的属类性质，二是便于对于设备数量进行分类统计，掌握设备构成情况。为了达到这一目的，国家有关部门针对不同的行业对不同的设备进行了统一的分类和编号，机械工业企业可参阅 1965 年原第一机械工业部颁发的《设备统一分类精编号目录》及后来的修改补充规定。《设备统一分类及编号目录》将机械设备和动力设备分为若干大类别，每一大类别又分为若干分类别，每一分类别又分为若干组别，并分别用数字代号表示。

（3）设备编号

属于固定资产的设备，其编号由两段数字组成，两段之间为一横线。表示方法如图 3-1 所示，例如顺序号为 20 的立式车床，从《设备统一分类及编号目录》中查出大类别号为 0，分类编号为 1，组类编号为 5。其编号为 015-020；按同样方法，顺序号为 15 的点焊机，其编号为 753-015。

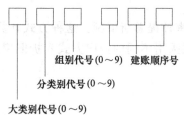

组别代号（0～9）　建账顺序号

分类别代号（0～9）

大类别代号（0～9）

图 3-1　设备编号方法

对列入低值易耗品的简易设备，亦按上述方法编号，但在编号前加"J"字，如砂轮机编号 J033-005；小台钻编号 J020-010 等。对于成套设备中的附属设备，如由于管理的需要予以编号时，可在设备的分类编号前标以"F"。

3.2.2　按设备维修管理要求分类

为了分析企业拥有设备的技术性能和在生产中的地位，明确企业设备管理工作的重点对象，使设备管理工作能抓住重点，统筹兼顾，以提高工作效率，可按不同的标准，从全部设备中划分出主要设备、大型精密设备、重点设备等作为设备维修和管理工作的重点。

（1）主要设备

根据国家统计局现行规定，凡复杂系数在 5 个以上的设备称为主要设备，该设备将作为设备管理工作的重点，例如设备管理的某些主要指标完好率、故障率、设备建档率等，均只考核主要设备。应该说明的是，企业在划分主要设备时，可根据本企业的生产性质，不能完全以 5 个复杂系数为标准。

（2）大型和精密设备

机器制造企业将对产品的生产和质量有决定性影响的大型、精密设备列为关键设备。

大型设备：包括卧式、立式车床，加工件在 $\phi1000$mm 以上的卧式车床，刨削宽度在 1000mm 以上的单臂刨床，龙门刨床等以及单台设备在 10t 以上的大型稀有机床。具体可参阅《设备管理手册》中的大型、重型稀有、高精度设备标准表。

精密设备：具有极精密机床元件（如主轴、丝杠），能加工高精度小表面粗糙度值产品的机床，如坐标镗床、光学曲线磨床、螺纹磨床、丝杠磨床、齿轮磨床，加工误差不大于 0.002/1000mm 和圆度不大于 0.001mm 的车床，加工误差不大于 0.001mm/1000m、圆度不大于 0.0005mm 及表面粗糙度 Ra 值在 $0.02\sim0.04\mu m$ 以下的外圆磨床等，具体可参阅《设备管理手册》。

（3）重点设备

确定大型、精密设备时，不能只考虑设备的规格、精度、价格质量等固有条件，而忽视了设备在生产中的作用。各企业应根据本单位的生产性质、质量要求、生产条件评选出对产品质量、产量、成本、交货期、安全和环境污染等影响大的设备，划分出重点设备作为维修和管理工作的重点，列为精密、大型式的设备，一般都可列为重点设备。

重点设备选定的依据主要是生产设备发生故障后和修理停机时对生产、质量、成本、安全、交货期等诸方面影响的程度与造成生产损失的大小。具体依据如表 3-1 所示。

表 3-1　重点设备的选定依据

影响关系	选定依据	影响关系	选定依据
生产方面	1. 关键工序的单一关键设备 2. 负荷高的生产专用设备 3. 出故障后影响生产面大的设备 4. 故障频繁经常影响生产的设备 5. 负荷高并对均衡生产影响大的设备	成本方面	1. 台时价值高的设备 2. 消耗动力能源大的设备 3. 修理停机对产量产值影响大的设备
		安全方面	1. 出现故障或损坏后严重影响人身安全的设备 2. 对环境保护及作业有严重影响的设备
质量方面	1. 精加工关键设备 2. 质量关键工序无代用的设备 3. 设备因素影响工序能力指数 CP 值不稳定及低的设备	维修性方面	1. 设备维修复杂程度高的设备 2. 备件供应困难的设备 3. 易出故障，出故障不好修的设备

3.3　设备资产管理的基础资料

设备资产管理的基础资料包括设备资产卡片、设备编号台账、设备清点登记表、设备档案等。企业的设备管理部门和财会部门均应根据自身管理工作的需要，建立和完善必要的基础资料，并做好资产的变动管理。

3.3.1　设备资产卡片

设备资产卡片是设备资产的凭证，在设备验收移交生产时，设备管理部门和财会部门均应建立单台设备的固定资产卡片，登记设备的资产编号、固有技术经济参数及变动记录，并按使用保管单位的顺序建卡片册。随着设备的调动、调拨、新增和报废，卡片位置可以在卡片册内调整补充或抽出注销。设备卡片见表 3-2。

表 3-2　设备卡片

年　月　日（正面）

轮廓尺寸:长　宽　高				质量/t			
国别:	制造厂:			出厂编号:			
主要规格				出厂年月			
				投产年月			
附属装置	名称	型号、规格	数量	分类折旧年限			
				修理复杂系数			
				机	电		热
投资原值	资金来源		资产所有权	报废时净值			
资产编号	设备名称		型号	精、大、稀、关键分类			

（背面）

电动机	用途	名称	型式	功率/kW	转速/r·min⁻¹	备注

变动记录

年月	调入单位	调出单位	已提折旧	备注

3.3.2　设备台账

设备台账是掌握企业设备资产状况，反映企业各种类型设备的拥有量、设备分布及其变动情况的主要依据。它一般有两种编排形式：一种是设备分类编号台账，它以《设备统一分类及编号目录》为依据，按类组代号分页，按资产编号顺序排列，便于新增设备的资产编号和分类分型号统计；另一种是按车间、班组顺序排列编制使用单位的设备台账，这种形式便于生产维修、计划管理及年终设备资产清点。以上两种台账汇总构成企业设备总台账。两种台账可以采用同一表格式样，见表 3-3。对精、大、重、稀设备及机械工业关键设备，应另行分别编制台账。企业于每年年末由财会部门、设备管理部门和使用保管单位组成设备清点小组，对设备资产进行一次现场清点，要求做到账务相符，对实物与台账不符的，应查明原因，提出盈亏报告，进行财务处理，清点后填写设备清点登记表，见表 3-4。

表 3-3 设备台账

单位：

序号	资产编号	设备名称	型号规格	精、大稀、关键	复杂系数			配套电动机		总质量/t制造厂（国）		制造年月	验收年月	安装地点	分类折旧年限	设备原值/元	进口设备合同号	随机附件数	备注
					机	电	热	台	kW	轮廓尺寸	出场编号	进厂年月	投资年月						

表 3-4 设备清点登记表

单位：   年　月　日

序号	资产编号	设备名称	型号规格	配套电动机		制造厂（国）	安装地点	用途		使用情况					资产原值/元	已提折旧/元	备注
				台	kW	出厂编号		生产	非生产	在用	未使用	封存	不需要	租出	改造增值		

3.3.3　设备档案

设备档案是指设备从规划、设计、制造、安装、调试、使用、维修、改造、更新直至报废的全过程中形成的图样、方案说明、凭证和记录等文件资料。它汇集并积累了设备一生的技术状况，为分析、研究设备在使用期间的使用状况、探索磨损规律和检修规律、提高设备管理水平、对反馈制造质量和管理质量信息，均提供了重要依据。属于设备档案的资料有：

① 设备计划阶段的调研、经济技术分析、审批文件和资料；

② 设备选型的依据；

③ 设备出厂合格证和检验单；

④ 设备入库验收单、领用单和开箱验收单等；

⑤ 设备安装质量验单，试车记录、安装移交验收单及有关记录；

⑥ 设备调动、借用、安装移交验收单及有关记录；

⑦ 设备历次精度检验记录、性能记录和预防性试验记录等；

⑧ 设备历次保养记录、维修卡、大修理内容表和完工验收单；

⑨ 设备故障记录；

⑩ 设备事故报告单及事故修理完工单；

⑪ 设备维修费用记录；

⑫ 设备封存和启用单；

⑬ 设备普查登记表及检查记录表；

⑭ 设备改进、改装、改造申请单及设计任务通知书；

至于设备说明书、设计图样、图册、底图、维护操作规程、典型检修工艺文件等，通常都作为设备的技术资料，由设备资料室保管和复制供应，均不纳入设备档案袋管理。设备档案资料按每台单机整理，存放在设备档案内，档案编号应与设备编号一致。设备档案袋由设备动力管理维修部门的设备管理员负责管理，保存在设备档案柜内按编号顺序排列，定期进行登记和资料入袋工作。要求做到：

① 明确设备档案管理的具体负责人，不得处于无人管理状态；

② 明确纳入设备档案的各项资料的归档路线，包括资料来源、归档时间、交接手续、资料登记等；

③ 明确登记的内容和负责登记的人员；

④ 明确设备档案的借阅管理办法，防止丢失和损坏；

⑤ 明确重点管理设备档案，做到资料齐全，登记及时、正确。

3.3.4 设备的库存管理

设备库存管理包括设备到货入库管理、闲置设备退库管理、设备出库管理以及设备仓库管理等。

（1）新设备到货入库管理

新设备到货入库管理主要掌握以下环节：

① 开箱检查。新设备到货三天内，设备仓库必须组织有关人员开箱检查。首先取出装箱单，核对随机带来的各种文件、说明书与图样、工具、附件及备件等数量是否相符；然后查看设备状况，检查有无磕碰损伤、缺少零部件、明显变形、尘砂积水、受潮锈蚀等情况。

② 登记入库。根据检查结果如实填写设备开箱检查入库单，见表3-5。

表 3-5　设备开箱检查入库单

检查日期：　年　月　日　　　　　　检查编号：

发送单位及地点				运单号或车皮			
发货日期		年　月　日		到货日期		年　月　日	
到货 * 编号							
每箱体积（长×宽×高）							
每箱标重	毛						
	净						
制造厂家				合同号			
设备名称				型号、规格			
台数				出厂编号			
附件清点	名称	件数	名称	件数	名称	件数	

续表

单据文件	装箱单	检验单	合格证件		
	说明书	安装图	备件图		
缺件检查		待处理问题			
技术状况检查		待处理问题			
备注			其他参与人员名单	保管员签字	检查员签字

③ 补充防锈。根据设备防锈状况，对需要经过清洗重新涂防锈油的部位进行相应的处理。

④ 问题查询。对开箱检查中发现的问题，应及时向上级反映，并向发货单位和运输部门提出查询，联系索赔。

⑤ 资料保管与到货通知。开箱检查后，仓库检查员应及时将装箱单随机文件和技术资料整理好，交仓库管理员登记保管，以供有关部门查阅，并于设备出库时随设备移交给领用单位的设备部门。对已入库的设备，仓库管理员应及时向有关设备计划调配部门报送设备开箱检查入库单，以便尽早分配出库。

⑥ 设备安装。设备到厂时，如使用单位现场已具备安装条件，可将设备直接送到使用单位安装，但入库检查及出库手续必须照办。

（2）闲置设备退库管理

闲置设备必须符合下列条件，经设备管理部门办理退库手续后方可退库：

① 属于企业不需要设备，而不是待报废的设备；

② 经过检修达到完好要求的设备，需用单位领出后即可使用；

③ 经过清洗防锈达到清洁、整齐；

④ 附件及档案资料随机入库；

⑤ 持有计划调配部门发给的入库保管通知单。

对于退库保管闲置设备，计划调配部门及设备库均应专设账目，妥善管理，并积极组织调剂处理。

（3）设备出库管理

设备计划调配部门收到设备仓库报送的设备开箱检查入库单后，应立即了解使用单位的设备安装条件。只有在条件具备时，方可签发设备分配单。使用单位在领出设备时，应根据设备开箱检查入库单做第二次开箱检查，清点移交；如有缺损，由仓库承担责任，并采取补救措施。

如设备使用单位安装条件不具备，则应严格控制设备出库，避免出库后存放地点不合适而造成设备损坏或部件、零件、附件丢失。

新设备到货后，一般应在半年内出库安装交付生产使用，越快越好，使设备及早发挥效能，创造经济效益。

（4）设备仓库管理

① 设备仓库存放设备时要做到：按类分区，摆放整齐，横向成线，竖看成行，道路畅

通，无积存垃圾、杂务，经常保持库容清洁、整齐。

② 仓库要做好十防工作：防火种，防雨水，防潮湿，防锈蚀，防变形，防变质，防盗窃，防破坏，防人身事故，防设备损伤。

③ 仓库管理人员要严格执行管理制度，支持三不收发，即：设备质量有问题尚未查清且未经主管领导作出决定的，暂不收发；票据与实物型号规格数量不符未经查明的，暂不收发；设备出、入库手续不齐全或不符合要求，暂不收发。要做到账卡与实物一致，定期报表准确无误。

④ 保管人员按设备的防锈期向仓库主任提出防锈计划，组织人力进行清洗和涂油。

⑤ 设备仓库按月上报设备出库月报，作为注销库存设备台账的依据。

3.4 机器设备评估

3.4.1 机器设备的基本概念

① 资产评估中所说的机器设备，是指构成企业固定资产的机器、设备、仪器、工具、器具等。

② 机器设备的运动形式独特，其实物形态运动，包括选购、验收、安装调试、使用、维修保养、更新改造，直到报废处理等；其价值形态运动，包括初始投资、折旧提取和更新改造资金的使用、大修理资金的提取与使用、直到报废收回残值等。

③ 机器设备的主要特点表现在两个方面：一是单位价值大，使用寿命长，在单位价值和使用寿命方面均有定量的下限标准；二是价值量分别按不同规则改变。有形磨损主要因使用而引起，导致价值随之减少。无形磨损主要因科技进步和社会劳动生产率提高而引起，也导致价值随之减少。技术改造则导致价值提高。

3.4.2 机器设备评估的特点

① 以技术检测为基础，确定被评估设备的损耗程度。

② 以单台、单件为评估对象，以保证评估的真实性和准确性。

③ 具有组合而形成系统的特点，与机器设备在生产应用中相关作用一致。

3.4.3 机器设备评估的程序

机器设备评估作为一个重要的专业评估领域，情况复杂，作业量大。在进行评估时，应该分步骤、分阶段实施。

（1）收集整理有关资料和数据，划分机器设备的类别

① 反映待评资产的资料。包括资产的原价、折旧、净值、预计使用年限、已使用年限、设备的规格型号、设备完好率、利用率等。

② 证明待评资产所有权和使用权的资料。如国有资产产权登记证明文件，如有变动，应查阅产权转移证明等。

③ 价格资料。包括待评资产现行市价，可比资产或参照物的现行价格资料，国家公布的有关物价指数，评估人员自己收集整理的物价指数等。

④ 资产实存数量的资料。通过清查盘点及审核资产明细账和卡片来核定资产实存的

数量。

除只对某一台机器设备进行评估外，一般地说，对企业机器设备进行评估，都要视评估目的、评估报告的要求以及评估的工程技术特点进行适当分类。

（2）设计评估方案

评估方案设计是对评估项目的实施进行周密计划、有序安排的过程，包括下列内容。

① 委托方提供的资产账表清册，确定被评估机器设备的类别。

② 定分组和进度。机器设备评估可以粗分为通用设备组和专用设备组，也可按动力、传导、机械、仪器仪表、运输等机器类别细分，还可以按分厂、车间分组，同时要预计各项评估业务的工时，组织好平行作业、交叉作业，确定作业进度。

③ 根据不同的评估特定目的，确定评估方法和计价标准。

④ 设计印制好评估所需要的各类表格。

（3）清查核实资产数量，进行技术鉴定

评估机构对被评估单位申报的机器设备清单，应组织有关评估人员进行清查核实，是否账实相符，有无遗漏或产权界限不明确的资产。清查的方法可根据被评估单位的管理状况以及资产数量，采取全面清查、重点清查、抽样检查等不同方式。由工程技术人员对机器设备的技术性能、结构状况、运行维护、负荷状况和完好程度进行鉴定，结合功能性损耗，经济性损耗等因素，据以作出技术鉴定。

（4）确定评估价格标准和方法

做好上述基础工作后，应根据评估目的确定评估价格标准，然后根据评估价格标准和评估对象的具体情况，科学地选用评估计算方法。一般来说，以变卖单项机器设备为目的的评估，采用现行市价标准与方法；以结业清理、破产清理为目的的评估，采用清算价格标准与方法；将机器设备入股、投资，以确定获利能力为目的的评估，采用收益现值标准与方法。在一般情况下，机器设备的评估通常采用重置成本标准与方法。

（5）填制评估报表，计算评估值

为使评估工作规范化，提高工作效率，科学地反映评估结果，需要设计一套评估表格。它的设计一是考虑评估工作的要求，为搜集整理数据提供明细的纲目；二是要与评估流程相适应，便于评估阶段的衔接与过渡；三是考虑评估报告的要求。一般可分为评估作业分析表、评估明细表、评估分类汇总表（简称汇总表）。

① 作业分析表是机器设备评估的基础表，适应机器单台单价评估为主的特点。作业分析表一方面要填列待评资产的基础资料，另一方面要反映评估分析的方法、依据和结论。作业分析表是进行评估质量检核和评估结果确认的基本对象。考虑评估作业表的功能和要求，可设计如表 3-6 所示。

表 3-6　机器设备评估作业分析表

资产占有单位：　　　　　　　　评估基准时间：　　年　月　日

委托方填报	资产名称		产地	国别		规格型号	
				厂别		公称能力	
	出厂年月		账面价格	原值		按年限计算成新率	
	已使用年限			折旧		同类设备数量	
				净值			

续表

评估机构填列	技术鉴定的方法和依据				
	重估单位	价格标准		评估方法及公式	
		评估结论及基本参数的说明			
	尚可使用年限或成新率测定	评估的依据和参照物		评估方法及公式	
		评估结论及基本参数的说明			
	功能性贬值的评估	评估的依据和参照物		评估公式及考虑因素的说明	
		评估结论及基本参数的说明			
	评估净值	价格标准			
		单台价格			
		总额			
评估责任者签章		受托方填报	技术检测	评估分析和报告	
		职称	职称	职称	
		姓名	姓名	姓名	

② 评估明细表。这个表要逐件反映机器设备评估的情况，并与评估前的情况进行概括对比。一般可按评估分工分别填列。与作业分析表比较，评估明细表只反映评估结果而不反映过程和依据，带有一览表特点，是作业分析表到汇总表的过渡表，又是汇总表的明细表，其基本内容如表 3-7 所示。

表 3-7　机器设备评估明细表

资产占有单位：　　　　　　　　　　　　　评估基准时间　　年　月　日

序号	资产类别	计量单位	数量	购建时间	已使用年限	预计尚可使用年限	账面价格		评估结果			与净值差异			备注
							原值	净值	重估价格	成新率	功能性贬值	重估净值	额	率(%)	

评估单位名称：　　　　负责人：　　　评估人：　　　评估时间：　　年　月　日

③ 评估汇总表是分类综合反映资产评估的结果，分类办法根据委托方的要求和评估目的而定，基本格式可参考表 3-8。

表 3-8 机器设备评估汇总表

资产占有单位：　　　　　　　　评估基准时间：　　年　月　日

序号	资产类别	计量单位	数量	账面价值		评估结果			与净值差异		备注
				原值	净值	重估总价	重估净价	重估成新率	额	率（%）	

评估单位名称：　　　　　负责人：　　　　　评估人：　　　　　评估时间：　　年　月　日

根据确定的评估方法和经过验证的资料数据，按评估对象逐一完成评估分析表，计算评估值，并将评估结果先填写机器设备评估明细表，再编制机器设备评估汇总表。

3.4.4 影响机器设备评估的基本因素

① 原始成本。即机器设备购置时实际发生的全部费用，包括购置费、运输费等。原始成本反映了资产购建时的价值状况，是机器设备评估时的基本依据之一。重置成本与原始成本产生差异，主要是由于物价变动和技术进步的影响，可以在原始成本基础上考虑相应的影响因素来确定。

② 物价指数。物价指数是表示市场价格水平变化的百分数。资产评估是要按现时价格评定出资产的实际价值，因而，若在评估基准日物价指数与设备购建时不同，就需按照物价指数将设备原价调整成现时价值，然后再作进一步评估。选择适当的物价指数，考虑评估基准日与原购建时的物价变动程度，可反映资产现时价格水平的重置价格。

③ 重置全价即按现行价格购建与被评估资产相同的全新资产所发生的全部费用，重置全价是反映资产在全新状况下的现时价格，是直接计算被评资产价格的重要依据。分为复原重置成本和更新重置成本两种，它们是按现行价格购建与被评估设备相同或者以新型材料、先进技术标准购建类似设备的全部费用。全新设备的重置全价，是用重置成本价格标准和重置成本法评估设备价值的直接依据。

④ 成新率。成新率是反映设备新旧程度的指标，一般以设备剩余使用年限与计划使用

年限的比率，或以设备折（旧剩）余值即净值与全价的比率来表示。设备的成新率，是在计算出设备完全价值后，计算设备评估净值的决定因素。由于设备寿命、设备磨损和累积折旧直接影响着成新率的高低，因而它们也是影响设备评估价值的因素。

⑤ 功能性贬值和功能成本系数。功能性贬值是设备因技术进步使其功能相对陈旧而带来的无形损耗，在评估其价值时应将它扣除。因而，若设备发生了功能性贬值，就会使设备的评估价值降低。

功能成本系数是指机器设备的功能变化引起其购建成本变化的函数关系。在被评估设备的生产能力已不同于其原核定生产能力或不同于参照物生产能力时，功能成本系数便可作为该设备价值的调整参数。

3.4.5 机器设备的评估方法

（1）采用重置成本的评估方法

机器设备评估的最基本方法是重置成本法，是指从被评资产的重置成本中减去应计折旧而得出的资产重估价值的一种方法。

其基本公式为：

设备的重估价值＝重置成本－应计折扣－功能性贬值＋技改费

或：

设备的重估价值：重置成本×成新率－功能性贬值

① 重置核算法。重置核算法又称细节分析法，就是以现行市场价格标准核算设备重置的直接成本和间接成本，以重置全价为基础计算设备重置净值的方法。

② 按复原重置成本的评估。在按复原重置成本评估时，如果设备的购建成本资料保存完整，可将其直接费用与间接费用调整为现时价格与费用标准计算其全价。如果没有设备的购建成本资料，就要对设备成本项目先行分解，然后以现时价格计算所费的材料、人工、费用求出重置全价。其计算公式为：

设备评估值＝重置全价×成新率－功能性贬值＝（重置直接费用＋
重置间接费用）×成新率－功能性贬值

例 3-1 某机床，按现行市价购置，每台为 5 万元，运杂费为 800 元，安装调试费中原材料 400 元，人工费 600 元。按同类设备安装调试的间接费用分配，间接费用为每天人工费用的 75%。求该机床的重置成本。由于

重置全价＝重置直接费用＋重置间接费用

直接费用中，机床重置购价	50000 元
运杂费用	800 元
安装调试费	1000 元
（其中：原材料	400 元
人工费用	600 元）
直接费用总额	51800 元

间接费用为 600×0.75＝450 元，所以该机床重置全价＝51800＋450＝52250 元

③ 按更新重置成本评估。对于经过重大技术改造的设备，或者结合大修理采用新型材料、零部件、元器件几经更新，使设备技术性能有较大提高，接近或基本接近先进技术水平，就可采用更新重置成本对其进行评估。

设备更新重置成本的总额，可按更新重置的各种直接消耗量以现行价格和费用标准计算，加上按现行价格计算的间接费用求和。然后，再按成新率计算其重置净值。其评估计算公式为：

设备重置净值＝∑（按现行价格或费用标准计算的更新替代后的费用消耗）×成新率

由于更新后设备的性能接近或基本接近先进适用技术水平，因而一般不再计算和扣除功能性贬值。

④ 净现值法。如果待评机器设备的现市场价格可以得到，那么可以采用该法。但应注意价格的选择，即资产交易发生在本地区的，选用本地市场，发生在不同地区之间的，如省与省、地方与中央之间的，应选择全国的市场价，如果与国外搞合资，则应考虑国际市场同类性能结构的机器现价评估。计算公式如下：

机器设备重估价值＝（机器设备现行市价＋运输安装费）×重估成新率

或采用下述公式计算：

$$机器设备＝（机器设备市价＋安装运输费）-\frac{机器设备市价＋运输安装费-残值}{重估使用年限＋已使用年限}×已使用年限$$

例 3-2 某企业将一台车床投入外省一企业搞联营，该车床国内现价 30000 元，需运输安装费 1000 元，预计残值为原价的 10％，经鉴定，该车床尚可使用 8 年，已使用 7 年。

则

$$车床评估值＝（3000＋1000）-\frac{30000＋1000-3000}{15}×7$$

$$＝31000-13066.67＝17933.33$$

（2）采用现行市场的评估方法

机器设备在变卖、出售时，一般采用现行市场标准进行评估。市价法的前提是在市场竞争机制健全的情况下，通过供需关系的平衡而达到"公平市场价格"。在我国目前的情况下，市场价格受制约的因素较多，选用价格时应加以分析，设备按现行市价评估，主要有两种具体办法。

① 市价折余法。就是以与被评估设备完全相同的参照物的全新现行市场价格为评估前值，减去按现行市价计算的累计折旧额，以其折余价值为评估净值的方法，其计算公式为：

设备评估净值＝市场参照现行市价×成新率

例 3-3 某设备的现行市价为 70000 元，运输和安装调试费按现行价分别为 2000 元、3500 元，该设备已使用四年，预计还可继续使用 6 年，求其评估净值。

该设备的评估净值为：

$$（70000＋2000＋3500）×\frac{6}{4＋6}＝45300$$

② 市价类比法。这种方法的原理同市价折余法基本相同，只是评估对象的参照是类似设备而不是相同设备，因而需要对两者的差别作具体分析比较，并调整其差异，其计算公式为：

设备评估价值＝市场参照物现行市价×重估成新率×调整系数

式中的调整系数，主要考虑评估对象与参照物在技术性能、使用效益上的差别，经比较分析后综合确定一个二者价值上的比率。

例 3-4 企业原购置的一台专用设备，曾根据实际需要采用先进技术和材料作了局部改进，现已使用 5 年，尚可使用 8 年，预计残值为 8000 元。市场上相同的原装设备基准价为

78000 元。考虑到被评估设备作过技术改进但已使用多年，其调整系数定为 1.15，求该设备的评估价值。

设备的评估净值为

$$(780000-8000) \times \left(1 - \frac{5}{5+8}\right) \times 1.15 = 70000 \times \frac{8}{13} \times 1.15 = 49538.462 \text{ 元} = 49538 \text{ 元}$$

（3）采用清算价格的评估方法

清算价格的评估，是按企业清理或破产时在短期内资产变卖的变现价格确定资产重估价格。变现价格与重置成本不同，变现是按收入途径，受市场实现的制约。重置成本则不仅包括买价，还有运杂费、安装费等。所以，资产的重置成本要高于自身的变现价格。清算价格则往往由于破产清理是在短期内强制完成的，从而不具备正常的市场交易和竞争条件，因此，清算价格又往往低于变现价格。

资产的变现价格和清算价格的确定，一般首先要找到类似资产作为参照物，然后采用市场售价比较来评估。当难以找到类似参照物时，只能根据变现价格和清算价格与原始成本之间的历史相关资料进行评估。

对结业或破产企业的评估，其资产处理应根据具体情况分别对待，采用不同的评估方法，大体可分为四种情况：

① 中止生产就失去效用和已经陈旧失效的资产，如化工企业的多数设备装置；

② 专用性过强的设备；

③ 仍可正常使用的一般设备；

④ 具有较高收益能力的技术装备和其他资产。

对第①类设备资产只能按报废或作残值处理。第②类设备需暂缓处理。第③类设备资产可按一定的参照物价格评估出合理的转让价格作底价。第④类设备资产则可采取收益现值法评估。

 思考题

3-1　固定资产有何特点？固定资产应具有什么条件？

3-2　固定资有哪些折旧方法？

3-3　图号、型号、出厂号、资产编号的含义是什么？有何用途？

3-4　设备租赁的优越性是什么？

3-5　什么样是设备档案？设备档案的资料包括哪些？

3-6　机器设备评估的特点是什么？

3-7　影响机器设备评估的基本因素是什么？

第4章 设备的使用与维护

设备的正确使用和维护，是设备管理工作的重要环节。正确使用设备，可以防止发生非正常磨损和避免突发性故障，能使设备保持良好的工作性能和应有的精度，而精心维护设备则可以改善设备技术状态，延缓劣化进程，消灭隐患于萌芽状态，保证设备的安全运行，延长使用寿命，提高使用效率。因此企业应该责无旁贷地做好这方面的工作，并在转换经营机制的过程中，探索和总结出设备的使用与维护方面的新经验、新的激励机制和自我约束机制，这为保持设备完好、提高企业经济效益、保证产品质量和安全生产做出新贡献。

4.1 正确使用与维护设备的意义

4.1.1 正确使用设备的意义

设备在负荷下运行并发挥其规定功能的过程，即为使用过程。设备在使用过程中，由于受到各种力和化学作用，使用方法、工作规范、工作持续时间等影响，其技术状况发生变化而逐步降低工作能力。要控制这一时期的技术状态变化，延缓设备工作能力的下降过程，必须根据设备所处的工作条件及结构性能特点，掌握劣化的规律；创造适合设备工作的环境条件，遵守正确合理的使用方法、允许的工作规范，控制设备的负荷和持续时间；精心维护设备。这些措施都要由操作者来执行，只有操作者正确使用设备，才能保持设备良好的工作性能，充分发挥设备效率，延长设备的使用寿命。也只有操作者正确使用设备，才能减少和避免突发性故障。正确使用设备是控制技术状态变化和延缓工作能力下降的首要事项。因此，强调正确使用设备具有重要意义。

4.1.2 正确维护设备的意义

设备的维护保养是管、用、养、修等各项工作的基础，也是操作工人的主要责任之一，是保养设备经常处于完好状态的重要手段，是一项积极的预防工作。设备的保养也是设备运行的客观要求，马克思说"机器必须经常擦洗。这里说的是一种追加劳动，没有这种追加劳动，机器就会变得不能使用。"设备在使用过程中，由于设备的物质运动和化学作用，必然会产生技术状况的不断变化和难以避免的不正常现象，以及人为因素造成的耗损，例如松动、干摩擦、腐蚀等。这是设备的隐患，如果不及时处理，会造成设备的过早磨损，甚至形成严重事故。做好设备的维护保养工作，及时处理随时发生的各种问题，改善设备的运行条件，就能防患于未然，避免不应有的损失。实践证明，设备的寿命在很大限度上取决于维护保养的程度。

因此，对设备的维护保养工作必须强制进行，并严格督促检查。车间设备员和机修站都应把工作重点放在维护保养上，强调"预防为主、养为基础"。

4.2 设备技术状态的完好标准

4.2.1 设备的技术状态

设备技术状态是指具有的工作能力，包括性能、精度、效率、运动参数、安全、环境保护、能源消耗等所处的状态及其变化情况。企业的设备是为了满足某种生产对象的工艺要求或者为完成工程项目的预定功能而配备的，其技术状态如何，直接影响到企业产品的质量、数量、成本和交货期等经济指标能否顺利完成。设备在使用过程中，受到生产性质、加工对象、工作条件及环境等因素的影响，使设备原设计制造时所确定的功能和技术状态将不断发生变化而有所降低或劣化。为延缓劣化过程，预防和减少故障发生，除操作工人严格执行操作规程、正确合理使用设备外，必须定期进行设备状态检查，加强对设备使用维护的管理。

4.2.2 设备的完好标准和确定原则

保持设备完好，是企业设备的主要任务之一，按操作、使用和规程正确合理地使用设备，是保持设备完好的基本条件，因此，应制定设备的完好标准，为衡量设备技术状态是否良好规定一个合适尺度。

设备的完好标准是分类制定的，以金属切削为例，其完好标准包括：

① 精度、性能满足生产工艺要求；

② 各传动系统运转正常，变速齐全；

③ 各操作系统灵敏可靠；

④ 润滑系统装置齐全，管道完整，油路畅通，游标醒目；

⑤ 电气系统装置齐全，管线完整，性能灵活，运行可靠；

⑥ 滑动部位运行正常，无严重拉、研、碰伤；

⑦ 机床内外清洁；

⑧ 基本无漏油、漏水、漏气现象；

⑨ 零部件完整；

⑩ 安全防护装置齐全。

以上标准中①~⑥项为主要项目，其中有一项不合格即为不完好设备。

对于非金属切削设备（如锻压设备、起重设备、工业炉窑、动力管道、工业泵等）也都有其相应的完好标准。

不论哪类设备的完好标准，在制定时都应遵循以下原则。

① 设备性能良好，机械设备能稳定地满足生产工业要求，动力设备的功能达到原设计或规定标准，运转无超温超压等现象。

② 设备运转正常，零部件齐全，安装防护装置良好，磨损、腐蚀程度不超过规定的标准，控制系统、计量仪器、仪表和润滑系统工作正常。

③ 原材料、燃料、润滑油、动能等消耗正常，无漏油、漏水、漏气现象，外表清洁整齐。完好设备的具体标准由各行业主管部门统一定制。国家和各行业主管部门通过对主要设备完好率（流程行业的企业可为泄漏率）的考核来了解和考察企业设备的完好状况。

4.2.3 完好设备的考核和完好率的计算

（1）完好设备的考核

① 完好标准中的主要项目，有一项不合格，该设备即为不完好设备。

② 完好标准中的次要项目，有两项不合格，该设备即为不完好设备。

③ 在检查人员离开现场前，能够整改合格的项目，仍算合格，但要作为问题记录。

（2）设备检查及完好率计算

① 车间内部自检应逐台检查，确定完好台数。

② 设备动力科抽查设备完好台数的 10％～15％，确定完好设备合格率。

③ 完好率的计算

a. 设备完好率

$$设备完好率 = \frac{完好设备台数}{主要生产设备总台数} \times 100\% \tag{4-1}$$

b. 完好设备抽查合格率

$$抽查合格率 = \frac{抽查设备合格台数}{抽查设备总台数} \times 100\% \tag{4-2}$$

c. 抽查完好率折算

$$抽查后完好率 = 设备完好率 \times 抽查合格率 \tag{4-3}$$

4.2.4 单向设备完好标准

（1）锻压设备完好标准

锻压设备类①～⑥项为主要项目。

① 能力能满足生产工艺要求。

②～⑩项参照金属切削机床标准执行。

（2）起重设备完好标准

起重设备类①～⑦项为主要项目。

① 起重和牵引能力能达到设计要求。

② 各传动系统运转正常，钢丝绳、吊钩符合安全技术规程。

③ 制动装置安全可靠，主要零部件无严重磨损。

④ 操作系统灵敏可靠，调整正常。

⑤ 主、副梁的下挠上拱、旁弯等变形不得超过有关技术规定。

⑥ 电气装置齐全有效，安装装置灵敏可靠。

⑦ 车轮无严重啃轨现象，与轨道良好接触。

⑧ 润滑装置齐全，效果良好，基本无漏油。

⑨ 吊车内外整洁，标牌醒目，零部件齐全。

（3）铸造设备完好标准

① 性能良好，能力能满足工业要求。

② 设备运转正常，操作控制系统完整可靠。

③ 电气、安全、防护、防尘装置齐全有效。

④ 设备内外清洁整洁，零部件及各滑动面无严重磨损。

⑤ 基本无漏水、漏油、漏气、漏沙现象。

⑥ 润滑装置齐全，效果良好。

（4）工业锅炉设备完好标准

① 出力基本达到原设计要求和领导部门批准的标准。

② 炉壳、炉筒、炉胆、炉管等部位，无严重腐蚀。

③ 电气、安全装置齐全完好，管路畅通，水位计、压力表、安全阀灵敏可靠。

④ 主要附件、附件，计量仪器仪表齐全完整，运转良好，指示准确。

⑤ 各控制阀门装置齐全，动作灵敏可靠。

⑥ 传动和供水系统操作灵敏可靠。

⑦ 主附机外观整洁，润滑良好。

⑧ 基本无漏水、漏油、漏气现象。

（5）动能设备完好标准

动能设备类①～⑤项为主要项目。

① 出力基本达到原设计要求。

② 各传动系统运转正常，安全阀、压力表、水位计等装置齐全，灵敏可靠。

③ 无超温超压现象，基本无漏水、漏油、漏气现象。

④ 润滑装置齐全，管道完整，油路畅通，游标醒目，油质符合要求。

⑤ 附件和零件部件齐全，内外整洁。

（6）电气设备完好标准

电气设备类①～③项为主要项目。

① 各主要技术性能达到原出厂标准，或能满足生产工艺要求。

② 操作和控制系统装置齐全，灵敏可靠。

③ 设备运行良好，绝缘强度及安全防护装置应符合电气安全规程。

④ 设备的通信、散热和冷却系统齐全完整，效能良好。

⑤ 设备内外整洁，润滑良好。

⑥ 无漏油、漏电、漏水、漏气现象。

（7）工业炉窑设备完好标准

工业炉窑类①～④项为主要项目。

① 能力基本达到原设计要求，满足生产工艺要求。

② 操作燃烧和控制系统装置齐全，灵敏可靠。

③ 电气及安全装置齐全完整，效能良好。

④ 箱体炉壳砌砖体等部件无严重烧蚀和裂缝。

⑤ 传动系统运转正常，润滑良好。

⑥ 设备内外整洁，无漏水、漏油、漏气现象。

4.3 设备的使用管理

4.3.1　设备的合理使用

合理使用设备，应该做好以下几方面工作。

（1）充分发挥操作工人的积极性

设备是由工人操作和使用的，充分发挥他们的积极性是用好管好设备的基本保证，因此，企业应经常对职工进行爱护设备的宣传教育，积极吸收群众参加设备管理，不断提高职工爱护设备的自觉性和责任心。

（2）合理配置设备

企业应根据自己的生产工艺特点和要求，合理地配备各种类型的设备，使它们都能充分发挥效能。为了适应产品品种、结构和数量的不断变化，还要及时进行调整，使设备能力适应生产发展的要求。

（3）配置合格的操作者

企业应根据设备的技术要求和复杂程度，配备相应的工种和胜任的操作者，并根据设备性能、精度、使用范围和工作条件安排相应的加工任务和工作负荷，确保生产的正常进行和操作人员的安全。

机器设备是科学技术的物化，随设备日益现代化，其结构和原理也日益复杂，要求具有一定文化技术水平和熟悉设备结构的工人来掌握使用。因此，必须根据设备的技术要求，采取多种形式，对职工进行文化专业理论教育，帮助他们熟悉设备的构造和性能。

（4）为设备提供良好的工作环境

工作环境不但对设备正常运转、延长使用期限有关，而且对操作者的情绪也有重大影响。为此，应安装必要的防腐蚀、防潮、防尘、防震装置，配置必要的测量、保险用仪器装置，还应有良好的照明和通风等。

（5）建立健全必要的规章制度

保证设备正确使用的主要措施是：①制定设备使用程序；②制定设备操作维护规程；③建立设备使用责任制；④建立设备维护制度，开展维护竞赛评比活动。

顺便指出，为了正确合理地使用设备，还必须创造一定条件，比如：①要根据机器设备的性能、结构和其他技术特征，恰当地安排加工任务和工作负荷，近些年来，在有的企业中存在的拼设备现象，就包括不能恰当按工作负荷来使用设备；②要为机器设备配备相应技术水平的操作工人；③要为机器设备创造良好的工作环境；④要经常进行爱护机器设备的宣传和技术教育。

4.3.2　设备使用前的准备工作

这项工作包括：技术资料的编制，对操作工的技术培训和配备必需的检查及维护用仪器使用，以及全面检查设备的安装、精度、性能及安全装置，向操作者点交设备附件等。技术资料准备包括设备操作维护规程，设备润滑卡片，设备日常检查和定期检查卡等。对操作者的培训包括技术教育、安全教育和业务管理教育三方面内容。操作工人经教育、培训后要经过理论和实际的考试，合格后方能独立操作使用设备。

4.3.3 设备使用守则

（1）定人、定机和凭证操作制度

为了保证设备的正常运转，提高工人的操作技术水平，防止设备的非正常损坏，必须实行定人、定机和凭证使用设备的制度。

① 定人、定机的规定　严格实行定人、定机和凭证使用设备，不允许无证人员单独使用设备。定机的机种型号应根据工人的技术水平和工作责任心，并经考试合格后确定。原则上既要管好、用好设备，又要不束缚生产力。

主要生产设备的操作工作由车间提出定人、定机名单，经考试合格，设备动力科同意后执行。精、大、稀设备和有关设备的操作者经考试合格后，设备动力科同意并经企业有关部门审核后，报技术副厂长批准后方能变更。原则上，每个操作工人每班只能操作一台设备，多人操作的设备，必须由值班机长负责。

为了保证设备的合理使用，有的企业实行了"三定制度"（即：设备定号、管理定户、保管定人）。这三定中，设备定号、保管定人易于理解，管理订户就是以班组为单位，把全班组的设备编为一个"户"，班组长就是"户主"，要求"户主"对小组全部设备的保管、使用和维护保养负全部责任。

② 操作证的签发　学徒工（或实习生）必须经过技术理论学习和一定时期的师傅在现场指导下的操作实习后，师傅认为该学徒工（或实习生）已懂得正确使用设备和维护保养设备时，可进行理论及操作考试，合格后由设备动力科签发操作证，方能单独操作设备。

对于工龄长且长期操作设备，并会调整、维护保养的工人，如果其文化水平低，可以免笔试而进行口试及实际操作考试，合格后签发操作证。

公用设备的使用者，应熟悉设备结构、性能，车间必须明确使用小组或指定专人保管，并将名单报送设备动力科备案。

（2）交接班制

连续生产的设备或不允许中途停机者，可在运行中交班，交班人须把设备运行中发现的问题，详细记录在"交接班记录簿"上，并主动向接班人介绍设备运行情况，双方当面检查，交接完毕在记录簿上签字。如不能当面交接班，交班人可做好日常维护工作，使设备处于安全状态，填好交班记录交有关负责人签字代接，接班人如发现设备异常现象，记录不清、情况不明和设备未按规定维护时可拒绝接班。如因交接不清设备在接班后发生问题，由接班人负责。

企业在用的每台设备，均须有"交接班记录簿"，不准撕毁、涂改。区域维修站应及时收集"交接班记录簿"，从中分析设备现状，采取措施改进维修工作。设备管理部门和车间负责人应注意抽查交接班制度的执行情况。

（3）"三好"、"四会"和"五项纪律"

① "三好"要求

a. 管好设备。发扬工人阶级的责任感，自觉遵守定人、定机制度和凭证使用设备，管好工具、附件，不损坏、不丢失、放置整齐。

b. 用好设备。设备不带病运转，不超负荷使用，不大机小用，精机粗用。遵守操作规程和维护保养规程，细心爱护设备，防止事故发生。

c. 修好设备。按计划检修时间停机修理。参见设备的二级保养和大修完工后的验收试车工作。

② "四会"要求

a. 会使用。设备结构、技术性能和操作方法，懂得加工工艺。会合理选择切削用量，正确地使用设备。

b. 会保养。会按润滑图表的规定加油、换油，保持油路畅通无阻。会按规定进行一级保养，保持设备内外清洁，做到无油垢、无脏物，漆见本色铁见光。

c. 会检查。会检查与加工工艺有关的精度检查项目，并能进行适当调整。会检查安全防护和保险装置。

d. 会排除故障。能通过不正常的声音、温度和运转情况，发现设备的异常状态，并能判定异常状态的部位和原因，及时采取措施排除故障。

③ 使用设备的："五项纪律"

a. 凭证使用设备，遵守安全使用规程。

b. 保持设备清洁，并按规定加油。

c. 遵守设备的交接班制度。

d. 管好工具、附件，不得遗失。

e. 发现异常，立即停车。

(4) 设备操作规程和使用规程

设备操作规程是操作人员正确掌握操作技能的技术性规范，是指导人工正确使用和操作设备的基本文件之一。其内容是根据设备的结构和运行特点以及安全运行等要求，对操作人员在其全部操作过程中必须遵守的事项。

操作设备前对现场清理和设备状态检查的内容和要求如下：

① 操作设备必须使用的工具器具；

② 设备运行的主要工艺参数；

③ 常见故障的原因及排除方法；

④ 开车的操作程序和注意事项；

⑤ 润滑的方法和要求；

⑥ 点检、维护的具体要求；

⑦ 停车的程序和注意事项；

⑧ 安全防护装置的使用和调整要求；

⑨ 交、接班的具体工作和记录内容。

设备操作规程应力求内容简明、实用，对于各类设备应共同遵守的项目可统一成标准的项目。

设备使用规程是根据特性和结构特点，对使用设备作出的规定。其内容一般包括：

① 设备使用的工作范围和工艺要求；

② 使用者应具有的基本素质和技能；

③ 使用者的岗位责任；

④ 使用者必须遵守的各种制度，如定人定机、凭证操作、交接班、维护保养、事故报告等制度；

⑤ 使用者必备的规程，如操作规程、维护规程等；

⑥ 使用者必须掌握的技术标准，如润滑卡、点检和定检卡等；

⑦ 操作或检查必备的工器具；

⑧ 使用者应遵守的纪律和安全注意事项；

⑨ 对使用者检查、考核的内容和标准。

4.4 设备的维护管理

4.4.1 设备的维护保养

通过擦拭、清扫、润滑、调整等一般方法对设备进行维护，以维护和保护设备的性能和技术状况，称为设备维护保养。设备维护保养的要求主要有以下四项。

① 清洁。设备内外整洁，各滑动面、丝杠、齿条、齿轮箱、油孔等处无油垢，各部位不漏油、不漏气，设备周围的切屑、杂物、脏污要清扫干净。

② 整齐。工具、附件、工件（产品）要放置整齐，管道、线路要有条理。

③ 润滑良好。按时加油或换油，不断油，无干摩擦现象，油压正常，油标明亮，油路畅通，油质符合要求，油枪、油杯、油毡清洁。

④ 安全。遵守安全操作规程，不超负荷使用设备，设备的安全防护装置齐全可靠，及时消除不安全因素。

设备的维护保养内容一般包括日常维护、定期维护、定期检查和精度检查，设备润滑和冷却系统维护也是设备维护保养的一个重要内容。

设备日常维护和保养是设备维护的基础工作，必须做到制度化和规范化。对设备的定期维护保养工作要制定工作定额和物资消耗定额，并按定额进行考核，设备定期维护保养工作应纳入车间承包责任制的考核内容。设备定期检查是一种有计划的预防性检查，检查的手段除人的感官以外，还要有一定的检查工具和仪器，按定期检查卡执行，定期检查有人又称为定期点检。对机器设备还应进行精度检查，以确定设备实际精度的优劣程度。

设备维护应按维护规程进行。设备维护规程是对设备日常维护的要求和规定，坚持执行设备维护规程，可以延长设备使用寿命，保证安全、舒适的工作环境。其主要内容包括：

① 设备要达到整齐、清洁、坚固、润滑、防腐、安全等的作业内容、作业方法、使用的工器具及材料、达到的标准及注意事项；

② 日常检查维护及定期检查的部位、方法和标准；

③ 检查和评定操作工人维护设备程度的内容和方法等。

4.4.2 设备的三级保养制

三级保养制度体现了我国设备管理的重心由修理向保养的转变，反映了我国设备维修管理的进步和以预防为主的维修管理方针的更加明确。三级保养制内容包括：设备的日常维护保养、一级保养和二级保养。三级保养制是以操作者为主对设备进行以保为主、保修并重的强制性维修制度。三级保养制是依靠群众、充分发挥群众的积极性，实行群管群修，专群结合，搞好设备维护保养的有效办法。

（1）设备的日常维护保养

设备的日常维护保养，一般有日保养和周保养，又称日例保和周例保。

① 日例保 日例保由设备操作工人当班进行，认真做到班前四件事、班中五注意和班

后四件事。

a. 班前四件事。消化图样资料，检查交接班记录。擦拭设备，按规定润滑加油。检查手柄位置和手动运转部位是否正确、灵活，安全装置是否可靠。低速运转检查传动是否正常，润滑、冷却是否正常。

b. 班中五注意。注意运转声音，设备的温度、压力、液位、电气、液压、气压系统，仪表型号，安全保险是否正常。

c. 班后四件事。关闭开关，所有手柄放到零位。清除铁屑、脏物，擦净设备导轨面和滑动面上的油污，并加油。清扫工作场地，整理附件、工具。填写交接班记录和运转台时记录，办理交接班手续。

② 周例保　周例保由设备操作工人在每周末进行，保养时间为：一般设备 2h，精、大、稀设备 4h。

a. 外观。擦净设备导轨、各传动部位及外露部分，清扫工作场地。达到内洁外净无死角、无锈蚀，周围环境整洁。

b. 操纵传动。检查各部位的技术状况，紧固松动部位，调整配合间隙。检查互锁、保险装置。达到传动声音正常、安全可靠。

c. 液压润滑。清洗油线、防尘毡、滤油器，油箱添加油或换油。检查液压系统，达到油质清洁。油路畅通，无渗漏，无研伤。

d. 电气系统。擦拭电动机、蛇皮管表面，检查绝缘、接地，达到完整、清洁、可靠。

（2）一级保养

一级保养是以操作工人为主，维修工人协助，按计划对设备局部拆卸和检查，清洗规定的部位。一级保养所用时间为 4～8h，一保完成后应做记录并注明尚未清除的缺陷，车间机械员组织验收。一保的范围应是企业全部在用设备，对重点设备应严格执行。一保的主要目的是减少设备磨损，消除隐患、延长设备使用寿命，为完成到下次一保期间的生产任务在设备方面提供保障。

（3）二级保养

二级保养是以维修人员为主，操作工人参加完成。二级保养列入设备的检修计划，对设备进行部分解体检查和修理，更换或修复磨损件，清洗、换油、检查修理电气部分，使设备的技术状况全面达到规定设备完好标准的要求。二级保养所用时间为 7 天左右。二保完成后，维修工人应详细填写检修记录，由车间机械员和操作者验收，验收单交设备动力科存档。二保的主要目的是使设备达到完好标准，提高和巩固设备完好率，延长大修周期。

实行"三级保养制"，必须使操作工人对设备做到"三好"、"四会"、"四项要求"，并遵守"五项纪律"。三级保养制突出了维护保养在设备管理与计划检修工作中的地位，把对操作工人"三好"、"四会"的要求更加具体化，提高了操作工人维护设备的知识和技能。三级保养制突破了原苏联计划预修制的有关规定，改进了计划预修制中的一些缺点、更切合实际。三级保养制在我国企业取得了好的效果和经验，由于三级保养制的贯彻实施，有效地提高了设备的完好率，降低了设备事故率，延长了设备大修理周期、降低了设备大修理费用，取得了较好的技术经济效果。

4.4.3　精、大、稀设备的使用维护要求

（1）四定工作

① 定使用人员。按定人定机制度，精、大、稀设备操作工人应该选择本工种中责任心强、技术水平高和实践经验丰富者，并尽可能保持较长时间的相对稳定。

② 定检修人员。精、大、稀设备较多的企业，根据本企业条件，可组织精、大、稀设备专业维修或修理组，专门负责对精、大、稀设备的检查、精度调整、维护、修理。

③ 定操作规程。精、大稀设备应分机型逐台编制操作规程，加以显示并严格执行。

④ 定备品配件。根据各种精、大、稀设备在企业生产中的作用及备件来源情况，确定储备定额，并优先解决。

(2) 精密设备使用维护要求

① 必须严格按说明书规定安装设备。

② 对环境有特殊要求的设备（恒温、恒湿、防震、防尘）企业应采取相应措施，确保设备精度性能。

③ 设备在日常维护保养中，不许拆卸零部件，发现异常立即停车，不允许带病运转。

④ 严格执行设备说明书规定的切削规范，只允许按直接用途进行零件精加工。加工余量应尽可能小。加工铸件时，毛坯面应预先喷砂或涂漆。

⑤ 非工作时间应加护罩，长时间停歇，应定期进行擦拭、润滑、空运转。

⑥ 附件和专用工具应有专用柜架搁置，保持清洁，防止研伤，不得外借。

4.4.4 动力设备的使用维护要求

动力设备是企业的关键设备，在运行中有高温、高压、易燃、有毒等危险因素，是保证安全生产的要害部位，为做到安全连续稳定供应生产上所需要的动能，对动力设备的使用维护应有特殊要求。

① 运行操作人员必须事先培训并经过考试合格。

② 必须有完整的技术资料、安全运行技术规程和运行记录。

③ 运行人员在值班期间应随时进行巡回检查，不得随意离开工作岗位。

④ 在运行过程中遇有不正常情况时，值班人员应根据操作过规程紧急处理，并及时报告上级。

⑤ 保证各种指示仪表和安全装置灵敏精准，定期校验。备用设备完整可靠。

⑥ 动力设备不得带病运转，任何一处发生故障必须及时消除。

⑦ 定期进行预防性试验和季节性检查。

⑧ 经常对值班人员进行安全教育，严格执行安全保卫制度。

4.4.5 设备的区域维护

设备的区域维护又称维修工包机制。维修工人承担一定生产区域内的设备维修工作，与生产操作工人共同做好日常维护、巡回检查、定期维护、计划修理及故障排除等工作，并负责完成管区内的设备完好率、故障停机率等考核指标。区域维修责任机制是加强设备维修为生产服务、调动维修工人积极性和使生产工人主动关心设备保养和维修工作的一种好形式。

设备专业维护主要组织形式是区域维护组。区域维护组全面负责生产区域的设备维护保养和应急维修工作，它的工作任务是：

① 负责本区域内设备的维护修理工作，确保完成设备完好率、故障停机率等指标；

② 认真执行设备定期点检和区域巡回检查制，指导和督促操作工人做好日常维护和定

期维护工作；

③ 在车间机械员指导下参加设备状况普查、精度检查、调整、治漏，开展故障分析和状态检测等工作。

区域维护组这种设备维护组织形式的优点是：在完成应急维修时有高度机动性，从而可使设备修理停歇时间最短，而且值班钳工在无人召请时，可以完成各项预防作业和参与计划修理。

设备维护区域划分应考虑生产设备分布、设备状况、技术复杂程度、生产需要和修理钳工的技术水平等因素。可以根据上述因素将车间设备划分成若干区域，也可以按设备类型划分区域维护组。流水生产线的设备应按线划分维护区域。

区域维护组要编制定期检查和精度检查计划，并规定出每班对设备进行常规检查时间。为了使这些工作不影响生产，设备的计划检查要安排在工厂的非工作日进行，而每班的常规检查要安排在生产工人的午休时间进行。

4.4.6　提高设备维护水平的措施

为提高设备维护水平应使维护工作基本做到三化，即规范化、工艺化、制度化。

规范化就是使维护内容统一，哪些部位该清洗、哪些零件该调整、哪些装置该检查，要根据各企业情况按客观规律加以统一考虑和规定。

工艺化就是根据不同设备制订各项维护工艺规程，按规程进行维护。

制度化就是根据不同设备不同工作条件，规定不同维护周期和维护时间，并严格执行。

对定期维护工作，要制定工时定额和物质消耗定额并要按定额进行考核。

设备维护工作应结合企业生产经济承包责任制进行考核。同时，企业还应发动群众开展专群结合的设备维护工作，进行自检、互检，开展设备大检查。

4.5　设备维护情况的检查评比

设备维护保养的检查评比是在主管厂长的领导下由企业设备动力部门按照整齐、清洁、润滑、安全四项要求和管好、用好、维护好设备的要求，制定具体评分标准，定期组织检查评比活动。检查结果在厂里公布、并与奖罚挂钩，以推动文明生产和群众性维护保养活动的开展，这是不断提高设备完好率的重要措施。

车间内部主要检查设备操作者的合格使用及日常（周末）维护情况。检查评比以鼓励先进为主，可采取周检月评，即每周检查一次，每月进行评比，由车间负责，对成绩优良的班组和个人予以奖励。

厂内各单位的检查评比，以设备管理、计划检修、合理使用、正确润滑、认真维护等为主要内容。采取季评比、年总结。对成绩突出者，给予奖励。

4.5.1　检查评比活动的方式

① 车间内部的检查评比。由分管设备主任、车间机械员、维修组长、生产组长组成车间检查组，每周对各生产小组、操作工人的设备维护保养工作进行检查评比。

② 全场性的检查评比。由企业设备负责人和设备动力科长组织有关职能人员和车间机械员对各车间设备管理与维修工作进行检查评比，每月检查评分由设备动力科设备管理组负

责，季度或半年的互检评比由各车间机械员等代表参加。

4.5.2 检查工作的主要内容

车间内部的检查评比主要内容是操作工人的日常维修保养。

厂内检查评比如下。

① 检查车间有关设备管理各项管理工作；设备台账、报表、各种维修记录、交接班记录和操作证。

② 三级保养工作开展情况，各级保养计划的完成情况及保养质量。按"四项要求"抽查部分设备。

③ 设备完好率及完好设备抽查合格率。

④ 设备事故。

4.5.3 评比方法

通过车间的月度检查进行设备评比。

半年及年末的互检评比产生下列先进称号：

① 设备维护先进个人；

② 设备维护先进集体（机台或小组）；

③ 设备维修先进个人；

④ 设备维修先进小组；

⑤ 设备工作先进车间。

4.5.4 设备维护先进机台的评比条件

① 产品产量、质量应达到规定指标。

② 本设备应全面符合完好设备标准。

③ 操作工人认真执行日保及一保作业，严格遵守操作规程。

④ 严格执行设备管理有关制度要求，如对设备的日常检查，清扫擦拭、交班记录等。

⑤ 全年无设备事故、设备故障小。

4.5.5 检查评比的奖励

检查评比以鼓励先进为主，推动设备管理工作深入开展。

对单台设备操作工人，主要按"四项要求"和"三号"、"四会"守则进行评比。对生产班组、机台、个人，可采取周检月评，每周检查一次，每月进行评比，由车间负责，对成绩优良的班组和个人给予适当奖励。

开展"红旗设备竞赛"是搞好班组设备维护的一种形式。凡是执行设备管理制度好，按规定做好日常维护和定期维护，产品质量合格，各种原始记录齐全、可靠并按时填报，检查期内无任何事故，保持设备完好，符合竞赛条件者，可发给流动红旗。由车间采取月评比总结，并把评红旗设备同奖励挂钩，以利于推动设备维护工作。

对车间的检查评比，由厂检修等方面成绩突出的，给予适当奖励，并授予"设备维护件先进个人"、"设备维护先进机台（或小组）"、"设备管理和维修先进车间"等光荣称号。

4.6　设备的润滑管理　▶▶

正确进行设备的润滑是机电设备正常运转的重要条件，是设备维护保养工作的重要内容。合理地选择润滑装置和润滑系统，科学地使用润滑剂和搞好油品的管理，才能做到减少设备磨损、降低动力消耗、延长设备寿命，保证设备安全运行。

搞好设备润滑有利于节约能源、材料和费用等，有助于提高生产效率和经济效果。据报道，美国每年通过改进润滑，节省的能源约占全国能耗的 1%。英国实行全国润滑管理，每年实际节约 7 亿～10 亿英镑。

归纳起来，润滑管理的目的是，保证设备正常运转，防止设备发生事故；减少机体磨损，延长使用寿命；减少摩擦阻力，降低动能消耗；节约用油，避免浪费；提高和保持生产效能，加工精度。

对于从事设备管理、担负设备维修和维护保养工作的维修工人和操作工人来说，应该具备一定的摩擦、磨损和润滑方面的基础知识，认真做好设备的润滑管理工作。要建立健全润滑管理制度，认真贯彻执行"五定"和"三级过滤"，切实做好润滑油品的储存、保管、发放、使用、废油回收和润滑油具的使用管理等项工作，不断提高润滑管理工作水平。

4.6.1　基本概念

（1）摩擦的本质

摩擦是两个互相接触的物体，彼此作相对运动或有相对运动趋势时，相互作用产生的一种物理现象。它发生在两个摩擦物体的接触表面上，摩擦产生的阻力称为摩擦力。

当两个摩擦表面互相接触时，因为其表面不是绝对平滑的，接触时一般仅在个别点上发生接触。如图 4-1 所示，此时，在接触点的分子引力作用下，能互相结合起来。当物体有相对运动时，这种结合势必遭到破坏，同时在新的接触点上发生结合。破坏这种结合就使运动产生了一个阻力。另外，在两接触面上凹凸不平的谷峰之间，互相的机械啮合运动也会产生一种阻力。因此，总的摩擦力是分子结合与机械啮合所产生的阻力之和。人们从实践中观察到这样一个现象，即当两个摩擦物体表面粗糙度为某一个最适宜 Ra' 时，其摩擦力有一个最小值 F_{min}；但当其粗糙度大于或小于 Ra' 时，其摩擦力都要增大，如图 4-2 所示。这种现象可以用分子机械摩擦理论来合理地加以解释。

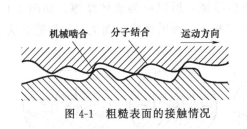

图 4-1　粗糙表面的接触情况　　　　图 4-2　摩擦力和表面粗造度的关系曲线

（2）润滑机理

把一种具有润滑性能的物质，加到两相互接触物体的摩擦面上，达到降低摩擦和减少磨损的手段称为润滑。常用的润滑介质有润滑油和润滑脂。

润滑油和润滑脂有一个重要物理特征性，就是它们的分子能够牢固地吸附在金属表面上形成一层薄薄的油膜的性能，这种性能称为油性。这层薄薄的油膜——边界油膜的形成是因为润滑剂是一种表面活性物质，它能与金属表面发生静电吸附，并产生垂直方向的定向排列，从而成了牢固的边界油膜。边界油膜很薄。一般只有 $0.1\sim0.4\mu m$。但在一定条件下，

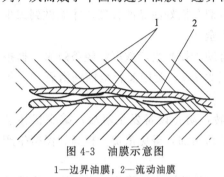

图 4-3　油膜示意图
1—边界油膜；2—流动油膜

能承受一定的负荷而不致破裂。在两个边界的油膜，称为流动油膜。这样完整的油膜是由边界油膜和流动油膜两部分组成的，如图 4-3 所示。这种油膜在外力作用下与摩擦表面结合很牢，可能将两个摩擦面完全隔开，使两个零件表面的机械摩擦转换为油膜内部分子之间的摩擦，从而减少了两个零件的摩擦和磨损，达到了润滑的目的。

（3）摩擦和润滑的分类

根据摩擦物质的运动状态，摩擦可分为静摩擦和动摩擦两大类。静摩擦是物质刚开始运动，但尚未运动的那一瞬间的摩擦现象。动摩擦是两个物体在相对运动过程中的摩擦。因此静摩擦系数比动摩擦系数大。

根据物体的运动方式，摩擦可分为滑动摩擦和滚动摩擦。当一个物体在另一个物体表面上滚动，并使两个物体在一个点或者一条线上接触时，这样的摩擦叫滚动摩擦。在干燥状态下，同样材质的两物料，其滑动摩擦的摩擦系数要比滚动摩擦的系数大 10～100 倍。

根据摩擦物体的表面润滑程度，摩擦可分为干摩擦、边界摩擦、液体摩擦、半干摩擦和半液体摩擦等。

① 干摩擦。在两个滑动摩擦表面之间不加润滑剂，使两表面直接接触，这时的摩擦称为干摩擦。如图 4-4（a）所示。

干摩擦时，摩擦表面的磨损是很严重的。因此，在机械设备中，除了利用摩擦力（如各种摩擦传动装置和制动器）的情况外，在其他机械传动中，干摩擦是绝对不允许的，应尽量防止干摩擦。

② 边界摩擦（又叫边界润滑）。在两个滑动摩擦表面之间，由于润滑剂供应不充足，无法建立液体摩擦，只能依靠润滑剂中的极性分子在摩擦表面形成一层极薄的（$0.1\sim0.2\mu m$）"绒毛"状油膜润滑。这层油膜能很牢固地吸附在金属摩擦表面上。这时，相互接触的不是摩擦表面本身（或有个别直接接触），而是表面的油膜，如图 4-4（b）所示。

③ 液体摩擦（又叫液体润滑）。在滑动摩擦表面之间，充满润滑剂。表面不直接接触，这时摩擦表面不发生摩擦，而是在润滑剂的内部产生摩擦，所以称为液体摩擦，如图 4-4（c）所示液体摩擦时摩擦表面不发生磨损。所以在一切机器零件的摩擦表面上应尽量建立液体摩擦，这样才能延长零件的使用寿命。

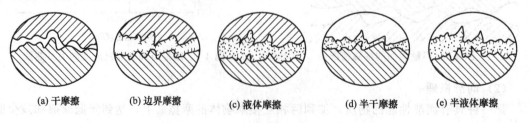

(a) 干摩擦　　(b) 边界摩擦　　(c) 液体摩擦　　(d) 半干摩擦　　(e) 半液体摩擦

图 4-4　摩擦的种类

④ 半干摩擦（半液体摩擦）。半干摩擦是介于干摩擦和边界摩擦之间的一种摩擦形式，如图 4-4（d）所示。半干和半液体摩擦常在以下几种情况下发生：机器启动和制动时；机器在做往复运动和摆动时；机器负荷剧烈变动时；机器在高温、高压下工作时；机器的润滑油黏度过小和供应不足时等。

（4）润滑剂及其作用

① 润滑剂　润滑剂有液体、半固体、固体和气体 4 种，通常分别称为润滑油、润滑脂、固体润滑剂和气体润滑剂。

② 润滑剂的作用　润滑剂的作用是润滑、冷却、冲洗、密封、减振、卸荷、保护等。

a. 润滑作用是改善摩擦状况、减少摩擦、防止摩擦，同时还能减少动力消耗。

b. 冷却作用是在摩擦时产生的热量大部分被润滑油带走，少部分热量经过传导辐射直接散发出去。

c. 冲洗作用。磨损下来的碎屑可被润滑油带走，称为冲洗作用。冲洗作用的好坏对磨损影响很大，在摩擦面间形成的润滑油很薄，金属碎屑停留在摩擦面上会被破坏油膜，形成干摩擦，造成磨粒磨损。

d. 密封作用。压缩机的缸壁与活塞之间的密封，就是借助于润滑油的密封作用。

e. 减振作用。摩擦件在油膜上运动，好像浮在"油枕"上一样，对设备的振动起一定的缓冲作用。

f. 卸荷作用。由于摩擦面间有油膜存在，作用在摩擦面上的负荷就比较均匀地通过油膜分布在摩擦面上，油膜的这种作用叫卸荷作用。

g. 保护作用。可以防腐和防尘，起保护作用。

③ 润滑油

a. 润滑油的主要物理化学性质有黏度、闪点、机械杂质、酸值、凝固点、水分、水溶性酸和水溶碱的含量、残炭、灰分、抗氧化安定性、腐蚀实验和抗乳化等。选用和使用时应注意这些性质应满足要求。

b. 润滑油的选择原则。在充分保证机器摩擦零件安全运转的条件下，为了减少能量消耗，应优先选用黏度最小的润滑油，在高速轻负荷条件下工作的摩擦零件，应选择黏度小的润滑油；而在低速度重负荷条件下工作的，则应选择黏度大的润滑油。在冬季工作的摩擦零件，应选用黏度小和凝固点低的润滑油；而在夏季工作的应选用黏度大的润滑油。受冲击负荷（或交变负荷）和往复运动的摩擦零件，应选用黏度较大的润滑油。工作温度较高、磨损较严重和加工较粗糙的摩擦表面，应选用黏度大的润滑油。

在高温下工作的蒸汽机汽缸和压缩机汽缸，应选用闪点高的润滑油，如过热汽缸缸油，饱和汽缸油和压缩机油。

冷冻机应选用凝固点低的润滑油，如冷冻机油。

氧气压缩机应选用特殊的润滑剂，如蒸馏水和甘油的混合物。

当没有合适的专用润滑油时，可选用主要指标（黏度）相近（等于或稍大于）的代用油；但它的使用应是临时的，当规定的润滑油到厂后，应停止使用，更换润滑油。

要尽量使用储运、保管、来源方便、使用性能好而价格低的润滑油。

c. 压缩机中润滑油类型的选择。在氧气压缩机里，氧气会使矿物性润滑油剧烈氧化而引起空气压缩机燃烧和爆炸，因此避免采用润滑油，而应采用无油润滑方式，或者采用水型乳化液或蒸馏水添加质量分数 6％～8％的工业甘油进行润滑；在氯气压缩机里，烃基润滑油可与氯气化合生成氯化氢，对金属（铸铁和钢）具有强烈的腐蚀作用，因此一般均采用无油润滑或固体（石墨）润滑。对于压缩机，纯气体的乙烯气体压缩机等为防止润滑油混入气体中影响产品的质量和性能，通常也不采用矿物油润滑，而多用医用白油或液态石蜡润滑等，只是在一般空气、惰性气体、烃类（碳氢化合物）气体、氮、氢等类气体空气压缩机中，大量广泛采用了矿物油润滑。

d. 压缩机润滑黏度的选择。在多级的空气压缩机中，前一级气缸输出的压缩气体通常冷却后恢复到略高于进气时的温度被送入下一级气缸，因气体已被压缩故相对湿度较高，当超过饱和点时，气体中的水分将可能凝结，该水分具有洗涤作用，可使气缸表面失去润滑油；其次在烃类气体压缩机中，它不仅可溶解在润滑油降低油的黏度，而且凝结的液态烃也同水分一样对钢壁具有洗涤作用，因此对于多级、高压、排气温度较高的烃类气体压缩机和空气湿度较大的空气压缩机，易选用黏度较高的油品，黏度较高的油品对金属的附着性好，并对密封有利。如中低压烃类气体和空气压缩机易用 L-DAA100 的空气压缩机油，高压多级易用 L-DAA150 空气压缩机油。喷油回转式空气压缩机选用的黏度情况也与此类似，压力较低时选用 100℃运动黏度为 5mm/s 的 N32 回转式压缩机油，压力较高时选用 100℃运动黏度为 11～14mm/s 的 N100 回转式空气压缩机油，其次为防止凝结的液态烃和空气中的水分对润滑油的洗净作用，可采用质量分数 3%～5%动物性油（如猪油或牛油）与矿物油相混合的润滑油，动物性与金属的附着力强，容易抵抗"水洗"，阻止润滑油的流失。

e. 压缩机油品的代用。在采用油润滑的往复式回转容积式空气压缩机中，除用相应牌号的空气压缩机油外，还可采用防锈抗氧的汽轮机油、航空润滑油、汽缸油等作为代用油品，但这些代用油品的性能不应低于相应的空气压缩机油的质量指标，或应满足具体条件下的使用要求。当气体空气压缩机采用油润滑时，外部零件和内部零件的润滑可用同一牌号的润滑油，也可采用不同牌号的润滑油，但不论内部零件采用何种类型的润滑介质，而外部传动零件的润滑都应采用矿物性的润滑油。

④ 润滑脂

a. 润滑脂主要是由矿物油与稠化剂混合而成的。润滑脂的摩擦系数较小，其工作情况与普通的润滑油基本上是一样的。而且在运转或停车时都不会泄漏。润滑脂的主要功能是减摩、防腐和密封。

润滑脂的主要物理化学性质包括针入度、滴点和皂分含量、游离有机酸、游离碱、机械安定性和胶体安定性等。

针入度表示润滑脂软硬程度，是主要的质量指标之一。测定时，将质量为 150g 的标准圆锥体穿入温度为 25℃的润滑脂试样中，以 5s 内穿入的深度作为该润滑脂的针入度。以 1/10mm 为单位。针入度愈大润滑脂愈软；针入度愈小则润滑脂愈硬。针入度随温度的升高而增大，即润滑脂变软。

滴点表示润滑脂的抗热特性，也是其重要的质量指标之一。测定时，将润滑脂试样装入滴定器内加热，以润滑脂熔化后的第一滴油滴落下来时的温度作为该润滑脂的滴点。普通润滑脂的滴点大约在 75～150℃之间。选择润滑脂时，应选择滴点比摩擦零件的工作温度高 20～30℃的润滑脂。

皂分含量。在润滑脂中金属皂分的含量愈多则针入度愈小，滴点也就愈高。测定时，将润滑脂熔于丙酮溶液中，而丙酮沉淀润滑脂苯溶液中的肥皂，然后用质量法测定皂分含量。

游离有机酸指润滑脂中未经皂化的过量有机酸的含量。一般润滑脂中不应含有游离有机酸，因为它不仅会腐蚀金属，而且会使润滑脂变稀变软，致使其性能变坏。

游离碱是指制造润滑脂时未起作用的过剩碱量，一般用所相当的氢氧化钠的质量分数表示。皂基润滑脂允许保持微碱性，游离碱含量不大于 0.2%。少量游离碱可延长使用寿命和储存期，而过多的游离碱会促使油皂分离，使润滑脂发生分油现象。

机械安定性指润滑脂抵抗剪切作用的能力。它在一定程度上反映出润滑脂的使用寿命长短。机械安定性不好，润滑脂容易变稀和流失。

胶体安定性指润滑脂抵抗温度和压力的影响而保持其胶体结构的能力。胶体安定采用"分油试验"的方法进行测定，用分油量的百分数来表示。分油量愈大，胶体安定性愈不好。

b. 润滑脂的选择原则。重负荷的摩擦表面应选用针入度小的润滑脂。

高转速的摩擦表面应选用针入度大的润滑脂。

冬季或在低温条件下工作的摩擦表面，应选用低凝固点和低黏稠度润滑油稠化而制成的润滑脂，在夏季或在高温条件下工作的摩擦表面应选用滴点高的润滑脂。

润滑脂的代用品应根据滴点和针入度来选择，同时皂分量也应符合要求。

在潮湿或与水分直接接触条件下的摩擦表面，应选用钙基润滑脂；而在高温条件下工作的摩擦表面应选用钠基润滑脂。

c. 润滑脂的选用主要有以下几点。

工作温度。润滑脂在使用部位的最高工作温度下不发生软化流失，是选用的重要标准之一。矿油润滑脂的最高工作温度都在 120～130℃ 以下，更高一些的工作温度应选用合成脂。

抗水性。常用润滑脂抗水性的顺序为：烃基脂＞铝基脂＞钙基脂＞锂基脂＞钙钠脂＞钠基脂。因此，常接触水的部位应使用铝基脂，潮湿部位应使用钙基脂或锂基脂。

负荷和极压性。对载荷高的场合，应选用加入极压抗磨添加剂的极压润滑脂。

润滑脂牌号的选择。润滑脂常用稠度等级为 00、0、1、2、3、4、5 等，低稠度等级（0和1）润滑脂的泵送分配性好，适用于集中供脂的润滑系统。汽车和大多数机械应按说明书规定用稠度等级为 1 或 2 的脂；小型封闭齿轮用稠度等级为 0 或 00 的脂；采矿、建筑、农业机械等粉尘大的场合工作下的机械，可用稠度等级为 3 或更硬的脂，以阻止污染物进入。

d. 润滑脂的添加量。一般滚动轴承装脂量约占轴承空腔 1/3～1/2 为好，装脂量过多散热差，容易造成温升高、阻力大、流失、氧化变质快等危害。

⑤ 固体润滑剂　固体润滑剂是指具有润滑作用的固体粉末或薄膜。它能够代替液体来隔离相互接触的摩擦表面，以达到减少表面间的摩擦和磨损的目的。目前最常用的固体润滑剂有二硫化钼和石墨润滑剂。

二硫化钼润滑剂。二硫化钼润滑剂具有良好的润滑性、附着性、耐温性。抗压减摩性和抗化学腐蚀性等优点。对于高速、高温、低温和有化学腐蚀性等工作条件下的机器设备，均有优异的润滑性能。二硫化钼润滑剂有：粉剂、水剂、油剂、油膏润滑脂等固体成膜剂。

石墨润滑剂。石墨在大气中 450℃ 以下时，摩擦系数为 0.15～0.20；石墨的相对密度为 2.2～2.3；熔点为 3527℃。在大气中及 450℃ 下可短期使用，在 426℃ 可长期使用，石墨的快速氧化温度为 454℃。石墨的抗化学腐蚀性能非常好，但抗辐射性能较二氧化钼差。石墨润滑剂的主要品种有：粉剂、胶体石墨油剂、胶体石墨水剂、试剂石墨粉。

气体润滑剂是指具有润滑作用的气体。常用作气体润滑剂的气体有空气、氦、氮和氢气等，较为广泛使用的是空气。

气体润滑剂的特点是：摩擦系数低于 0.001，几乎是零；气体的黏度随温度变化也极微小。气体润滑剂的来源广泛，某些气体的制造成本也很低。

气体润滑剂适用于要求摩擦系数很小或转速极高的精密设备和超精密仪器的润滑。如国外近年生产的大型天文望远镜的转动支承轴承、透平机的推力轴承等，都是空气润滑的。

对一些不允许漏油的设备，如某些食品、纺织、化工反应器等设备，气体润滑剂正在逐渐取代润滑油和润滑脂。但目前对气体润滑剂的特点和使用方法，都还未充分掌握，正处在研发阶段。

4.6.2　润滑管理的基本任务

企业需要设立适当的润滑管理组织机构，配备必要的专职或兼职润滑管理技术人员。要合理分工、职责明确、建立润滑管理制度，运用科学的润滑技术。润滑管理工作的基本内容如下。

① 确定润滑管理组织、拟定润滑管理的规章制度、岗位职责条例和工作细则。

② 贯彻设备润滑工作的"五定"管理。

③ 编制设备润滑档案（包括润滑图表、卡片、润滑工艺规程等），指导设备操作工、维修工正确开展设备的润滑。

④ 组织好各种润滑材料的供、储、用。抓好油料计划、质量检验、油品代用、节约用油和油品回收等几个环节，实行定额用油。

⑤ 编制设备年、季、月份的清洗换油计划和适合于本厂的设备清洗换油周期结构。

⑥ 检查设备的润滑状况，及时解决设备润滑系统存在的问题。如补充、更换缺损润滑元件、装置、加油工具、用具等，改进加油方法。

⑦ 采取措施，防止设备泄漏。总结、积累治理漏油经验。

⑧ 组织润滑工作的技术培训，开展设备润滑的宣传工作。

⑨ 组织设备润滑有关新油脂、新添加剂、新密封材料、润滑新技术的试验与应用，学习、推广国内外先进的润滑管理经验。

4.6.3　润滑工作的"五定"和润滑油的"三级过滤"

设备润滑"五定"是润滑管理工作的重要内容；润滑油的"三级过滤"是保证润滑油质量的可靠措施。搞好"五定"和"三级过滤"是搞好设备润滑的核心。

（1）设备润滑工作的"五定"

每台设备都必须制定润滑图表、明确润滑方法，保证设备润滑做到定点、定质、定量、定人、定时，即"五定"。如表 4-1 所示。

表 4-1　设备润滑"五定"指示表

序号	设备名称及规格型号	润滑点编号	润滑方式	规定用油名称代号	规定代用油名称代号	加油标准	加油		换油		润滑负责人
							时间	数量	周期	数量	

① 定点　按规定的润滑部位注油。在机械设备中均有规定的润滑部位、润滑装置，如

油孔、油杯等。操作工人、维修工人对各自负责的设备润滑部位要清楚，并按规定部位注油，不得遗漏。对自动注油的润滑点检查油位、油压、油泵注油量，发现不正常，应及时处理。

② 定质　按规定的润滑剂和牌号注油。具体要求如下。

注油工具（油桶、油壶、油枪）要清洁，不同牌号的油品要分别存放，严禁混杂，特别是废油桶和新油桶要严格区分，不得串用。

设备的润滑装置如油孔、注油杯等，均应保持完整干净，防止铁屑、灰尘侵入摩擦表面或槽内。

油品在加入前要进行三级过滤，对不合格的油品不准添加。

检修工人和操作工人应熟悉所用润滑油（脂）的名称、牌号、性能和用途。

③ 定量　按规定的油量注油。设备润滑油量有明确规定的按规定执行；无规定的常见润滑点，可参照下列规定执行。

a. 循环润滑。油箱油位保持在 2/3 以上为宜。

b. 油环带油润滑。当油环内径 $D=25\sim40mm$ 时，油位高度为 $D/4$；当油环内径 $D=45\sim60mm$ 时，油位高度为 $D/5$；当油环内径 $D=70\sim130mm$ 时，油位高度为 $D/6$。

c. 浸油润滑。当 $n>3000r/min$，油位在轴承最下部滚珠中心以下，但不低于滚珠下缘；当 $n=1500\sim3000r/min$，油位在轴承最下部滚珠中心以上，不得浸没滚珠上缘；当 $n<1500r/min$，油位在轴承最下部，滚珠的上缘或浸没滚珠。

d. 脂润滑。当 $n>3000r/min$，加脂量为轴承箱容积的 1/3；当 $n\le3000r/min$，加脂量为轴承箱容积的 1/2。

e. 油池润滑。以减速器润滑为例。

油池润滑的应用受到圆周速度的限制（用于 $u\approx12m/s$ 以下）。当速度较大时，油被离心甩开，因而使齿轮啮合在润滑不足的情况下工作。同时齿轮的传动扭矩增大，油的温度也升高了。所以当传动圆周速度较高时，应减少齿轮浸入油中的深度。浸入油中的都是传动的大齿轮。高速齿轮的浸入深度建议为 0.7 倍的齿高左右但不小于 10mm。低速齿轮的浸入深度不应大于 100mm。在锯齿轮传动中，齿轮的浸入应该能使整个齿长都浸在油里。

在多级齿轮传动中，当用油池润滑大齿轮的方法不可能保证所有啮合都得到润滑时，为了润滑某些（浸入油中的）齿轮，就应采用专门的设备零件——椭轮、油杯等。

油池润滑应用于蜗轮减速器时，蜗杆的圆周速度应小于 10m/s 左右。蜗轮（在蜗杆下方）或蜗杆的浸油深度不应大于蜗轮齿或蜗杆螺旋线的高度。而且，对蜗轮在蜗杆上方的减速器，油面还不应该超过蜗杆轴承下部滚动体的中心。

f. 强制润滑按设备使用说明书或实际情况确定。

④ 定人　每台设备的润滑都应有固定的加油负责人。如果没有专职的加油工，可按下述分工进行。

凡每班加一次油的润滑点，如油孔、油嘴、油杯、油槽、手动油泵、给油阀和所有滑动导轨面、丝杆、活动接头等处，可由操作工人负责注油。

车间内所有的公用设备，如砂轮机、手动压力机等由操作工人和维修工人负责清扫、加油和换油。

各种储油箱，如齿轮箱、液压箱及油泵箱等由操作工人定期加油或换油。

凡是需拆卸后才能加油或换油的部位，由检修工人定期清洗换油。

油箱的定期清洗换油，由操作工人负责，检修工人配合。

所有电气设备、电动机、整流器等，由电气检修工人负责加油、清洗和换油。

⑤ 定时　定时是指定时加油、定期添油、定期换油。

操作工人、检修工人按照设备润滑"五定"指示表中规定的时间，对润滑部位加油及对供油系统、油箱进行添油或换油。

换油期的确定方法，一般可以根据机器设备出场说明书的规定来确定；也可以结合设备实际润滑情况进行修订。对于关键精密设备的循环润滑用油，更换前还可以对主要指标进行分析来确定是否延长换油期，做到既节约用油，又避免盲目延期。

部分用油质量在指标允许变化范围时，可供换油时参考。

酸值是判断在用油质量变化的最基本指标。对润滑油质量要求高的精密机械，酸值不得增加 15%；对于一般机械，酸值不得增加 25%。

黏度根据设备的重要程度，在用油的黏度变化范围应控制在 ±10%～±15%。

对于精密机械，闪点变化应小于油品闪点的 10%；一般机械应小于 15%。

精密机械用润滑油的机械杂质含量不超过 0.1%；一般机械不超过 0.5%。

精密机械用润滑油的凝固点只允许升高 10%；一般机械只允许升高 15%。

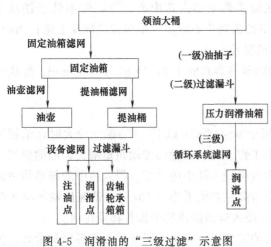

图 4-5　润滑油的"三级过滤"示意图

（2）润滑的"三级过滤"

进厂合格的润滑油在用到设备润滑部位前，一般要经过几次容器的倒换和储存；每倒换一次容器都要进行一次过滤以杜绝杂质。一般在领油大桶到油箱、油箱到油壶、油壶到设备之间要进行过滤，共三次，故称"三级过滤"。详见图 4-5 所示的润滑油"三级过滤"示意图。

三级过滤所用滤网应符合下列规定：透平油、压缩机油、车用机油所用的过滤网，一级过滤为 60 目，二级过滤为 80 目，三级过滤为 100 目；气缸油、齿轮油所用的滤网，一级为 40 目，二级为 60 目，三级为 80 目。如有特殊要求，则按特殊规定执行。

4.6.4　设备润滑耗油定额

认真制定合理的设备润滑耗油定额，并严格按照定额供油，是搞好设备润滑和节约用油的具体措施之一。

（1）耗油定额的制定方法

① 耗油定额的确定，基本上采用理论计算与实际标定相结合的办法。

② 按照国家标准和产品出厂说明书的要求，制定耗油定额。

③ 对于实际耗油量远远大于理论耗油量的设备，可根据实际情况暂定耗油定额，并积极改进设备结构，根治漏损，再调整定额。

（2）几种典型设备耗油定额的确定

① 滚动轴承　滚动轴承润滑油耗量，可根据式（4-4）计算：

$$Q=0.075DL \tag{4-4}$$

式中　Q——轴承耗油量，g/h；

　　　D——轴承内径，cm；

　　　L——轴承宽度，cm。

滚动轴承润滑脂的填充量，应按其结构和工作条件决定，但不得多于轴承壳体空隙（体积）的 $1/3\sim1/2$。加油量过多，会使轴承温度升高，增加动力消耗。轴承的圆周速度愈高，填充量应愈少。

② 压缩机油

a. 气缸、填料耗油量的计算。压缩机的润滑部位主要是气缸和填料函。其耗油量按照活塞在气缸内运动的接触面积及活塞杆与填料接触的面积来计算，并随压力的增加而上升，如图 4-6 所示。气缸耗油量计算公式：

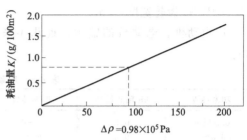

图 4-6　单位面积耗油量

$$g_1=1.2\pi D(S+L_1)nK \tag{4-5}$$

式中　D——气缸直径，m；

　　　L_1——活塞长度，m；

　　　S——活塞行程，m；

　　　n——压缩机转速，v/min；

　　　K——每 $100m^2$ 摩擦面积的耗油量，由图 4-6 查得（按压差算）；

　　　g_1——气缸耗油量，g/h。

高压段填料处的耗油量计算：

$$g_2=3\pi d(S+L_2)nK \tag{4-6}$$

式中　g_2——填料处的耗油量，g/h；

　　　d——活塞杆直径，m；

　　　L_2——填料的轴向总长度，m。

一台压缩机总耗油量为各气缸、填料耗油量之和。新压缩机开始运转时耗油量要加倍供给，500h 后再逐渐减少到正常数。

压缩机的润滑油耗油量按下式计算：

$$Q=\frac{2\times60\pi dSn}{33}(\text{g/h}) \tag{4-7}$$

式中　d——活塞杆直径，m；

　　　S——活塞冲程，m；

　　　n——转速，r/min。

上式计算出来的是理论和耗油量，不包括漏损。

b. 不带十字头氨压缩机的耗油量可参照表 4-2 执行。

表 4-2　不带十字头氨压缩机的耗油量

设备规格	耗油量/(g/h)	设备规格	耗油量/(g/h)
31.43×10^4J/h	80	$(83.8\sim167.6)\times10^4$J/h	180
62.85×10^4J/h	110	$(167.6\sim251.4)\times10^4$J/h	220

c. 齿轮润滑油的耗油量可按式（4-8）结算：

$$Q=aDB \qquad (4\text{-}8)$$

式中　Q——每小时耗油量，g/h；

　　　a——油质系载，稀油为 0.07，润滑脂为 0.1；

　　　D——齿轮外圆直径，cm；

　　　B——齿轮宽度，cm。

d. 电动机。电动机的轴承，近几年来大多采用润滑脂润滑。其耗油量可参照表 4-3 执行。

表 4-3　电动机用润滑脂消耗

功率/kW	8h 耗油量/g	功率/kW	8h 耗油量/g	功率/kW	8h 耗油量/g
0.5 以下	0.5	5~6	1.0	20~30	1.5
0.5~1	0.5	6~7	1.0	30~40	1.5
1~2	0.5	7~10	1.0	40~50	1.5
2~3	0.5	10~15	1.0	50~75	2.0
3~4	0.5	15~20	1.5	75~100	2.5
4~5	0.5				

4.7　设备的防腐蚀管理

4.7.1　组织机构和技术管理

防腐蚀工作是关系到设备使用寿命，保证正常生产，减少污染，改善操作环境的重要工作，厂长应当重视和关心防腐工作，车间主任应当抓好本车间的防腐工作。

机动科应配备具有"腐蚀与防护"专业知识的专职防腐管理人员，负责全场的防腐施工计划和技术管理。车间设备员负责具体的防腐工作。工厂应根据实际情况，成立防腐车间（或工段、单组），承担各类防腐项目和防腐新材料、新技术的实验和施工。全厂应当建立以机动科为核心，并组织车间生产班组长和设备员参加的防腐蚀管理网，发动群众，搞好防腐工作。

机动专职防腐管理人员应热爱本职工作，努力钻研技术，应了解国内外先进技术，结合本厂情况积极推广和采用新材料、新技术、先进经验和科研结果。要深入实际掌握并记录全厂主要设备的腐蚀情况，同车间技术人员、生产工人一起，共同研究设备腐蚀的原因，提出防腐措施和维修保养办法。对腐蚀严重造成生产被动问题，要查明情况，列为专题，组织力量进行试验研究，确定合适的防腐措施。

应当建立必要的防腐管理制度、确定防辐蚀工程的施工质量和防腐蚀机械设备的使用寿命。许多行之有效的防腐措施，往往由于施工质量不好，而影响设备的使用寿命。任何一种材料都有一定的使用范围和使用方法，常常由于使用不当造成防腐结构的破坏。因此应建立各类防腐措施的施工操作规程、质量检查和验收制度，以及防腐蚀设备使用规程和责任制。设备原有的防腐措施，一律不得拆除或修改。由于化工工艺改变，需要或采用新的防腐措施而要修改原有反防腐措施时，必须经过防腐专业人员与防腐车间同意，及企业有关领导的批准，防腐蚀设备在施工修理以后，必须要有交工验收制度。防腐蚀材料应有质量标准或技术条件，购置入厂时应有证明文件，要有入厂验收制度。

防腐蚀资料和数据的积累，是一项重要的基础工作，是总结经验，提高技术水平和合理选材的重要依据，凡受到生产介质腐蚀的设备与管道，必须建立防腐蚀设备档案，记录设备名称、型号、规格、操作温度、压力、物料性能以及采用的防腐措施、施工日期、施工工艺、使用情况和每次检查和检修的情况等。受大气腐蚀的设备按台或按区域进行记录。

对于防腐事故应进行现场调查和必要的实验室试验以取得必要的数据。要认真进行事故分析，弄清原因，制定措施，防止同类事故发生。

4.7.2 防腐施工安全注意事项

防腐施工过程中，所用原材料大多是易燃、易爆和有毒、有害物质。而且常常要到生产现场去检修设备。这就给防腐施工人员带来了许多不安全因素。因此在防腐施工过程中，注意安全是非常重要的。各类防腐项目都必须制定全面的施工规程、安全规程和防护措施。并经常对操作者进行安全教育，使之了解和掌握所用原料，特别是易燃、易爆和有毒、有害物质的性质以及必要的安全知识，要建立安全考核制度，施工人员经考核合格后才能操作。

对防腐施工中使用的易燃、易爆和有毒的溶剂等，应严格执行有关防火、防爆和防毒的规定。施工现场严禁烟火，所用电器设备应采用防爆型。在室内或容器内施工时应加强通风，使空气中易燃、易爆和有毒物质的含量符合国家标准，进入设备内部施工时，要有完备的防火、防爆、防中毒措施，经安全部门检查合格后方能进入设备施工。

到生产现场检修设备时，必须由生产车间按照有关规定对设备进行安全处理，并切断有关物料管线，保证物料不再进入设备内。设备装有搅拌器时应将电源切断，上述措施经安全部门检查合格后，方能施工。

使用或接触有毒、有害、有刺激性的物质和粉尘时，要穿防护服、戴防毒面具、防尘口罩、防护眼镜和防护鞋、帽、手套等。使用电器设备要防止触电。高空作业要系安全带，并搭合乎要求的操作台。

总之，只要领导重视，制度健全，操作人员按规办事，事故是可以避免的。

4.8 设备的无泄漏管理

设备的无泄漏是指泄漏量相对较少而言。目前无泄漏区的标准是：

① 全区静密封点泄漏率低于 0.50％；

② 设备完好率要达到 90％以上；

③ 全区动密封点泄漏量应符合部颁检修规程要求；

④ 静密封点的技术管理要做到统计准确，档案齐全，各生产岗位有静密封点登记表，并有健全的管理制度结合责任制有效的贯彻执行。

⑤ 设备管道保温要完整，管道的标记要鲜明合理，设备管道的涂色应符合规定。

4.8.1 关于油漆粉刷涂色的规定

各种设备、仪表、电器、钢结构、管道等的油漆颜色规定如下。

（1）设备

① 静止设备：灰色或银白色。

② 机泵类：蒸汽往复泵，银白色。其他机泵，灰色或浅绿色。

（2）仪表

① 各种表：黑，灰色。

② 调节阀：钢阀体，灰色。铁阀体，黑色。执行机构（鼓膜阀体），红色。

③ 仪表盘：浅灰色或浅绿色。

④ 槽架及支架：深灰色。

⑤ 气动引线或供风管：天蓝色。

⑥ 仪表箱：深绿色或灰色。

⑦ 压差及压力引线：深绿色。

⑧ 汇线槽：黑色。

⑨ 补偿导线及电源线套管：黑色。

（3）电器

① 变压器：中灰或黑色。

② 配电盘：中灰或浅绿色。

③ 开关柜：中灰或浅绿色。

④ 油开关：中灰或浅绿色。

⑤ 电力母线：黄、绿、红色（A、B、C）、黑色（是零线）。

⑥ 电线管：黑色。

（4）钢结构

平台、梯子、栏杆及扶手，一般与设备一致。

（5）阀门

① 阀体：钢的为灰色，铸铁为黑色，合金钢为正蓝色。

② 手轮：钢的为浅蓝色，铸铁为红色，合金钢为正蓝色。

4.8.2　设备的泄漏危害及泄漏原因

泄漏所造成的危害是极其严重的。泄漏危害归纳为：毒害空气、损害人体、污染水源、腐蚀设备、引起爆炸、造成水灾、毁坏建筑、增加消耗、危害农业、影响厂容等。

引起设备和管线法兰泄漏的原因很多，除了与介质压力、介质性质、温度、操作条件有关外，还包括如下几方面。

（1）结构形式和材质的选用

① 密封结构、密封面形式及垫片的种类选用不当。

② 法兰和螺栓的材料及尺寸选用不当。

③ 垫片的厚度和宽度不适当。

（2）制造和安装方面

① 垫片和法兰密封面上有凹坑、划伤，特别是径向刻痕，或法兰面上不清洁，沾有机械杂质等。

② 法兰翘曲，或法兰有过大的偏口、错口、张口，错孔等缺陷。

③ 螺栓材质弄错或合金钢螺栓热处理不恰当，或在同一对法兰上混用不同材质的螺栓。

4.8.3　防止设备和管路连接处泄漏的措施

由于引起设备和管线法兰连接处泄漏的因素是多方面的，因此，为了防止泄漏，也必须通过设计、制造、安装和操作等方面的共同努力。

（1）设计方面

必须根据设备和管线的介质和操作条件，选用合理的密封结构、密封面形式及垫片种类。确定适当的法兰、螺栓及垫片的尺寸，并对制造及安装提出必要的技术要求。

（2）制造和安装方面

必须遵守现行的技术规范和设计提出的技术要求，确保制造和安装质量。

（3）保证垫片安装质量的要求

① 选得对　法兰、螺栓、螺母及垫片的形式、材料、尺寸等，应根据操作条件正确选用，检修时对于需要更换的垫片，必须按设计要求更换，不能随意改变，对于允许重新使用的金属垫圈，需做必要的处理，如表面研磨等。

② 查得细　安装前要仔细检查法兰、垫片的质量。要仔细检查法兰的安装情况，有无过大的偏口、错口、张口、错孔等现象。

③ 清得净　法兰密封面的刻痕、划伤、锈斑及污物等必须清除干净。垫片表面及螺纹不允许粘有机械杂质。

④ 装得正　垫片不能装偏，保证受压均匀。

⑤ 上得均　把紧螺栓时应均匀用力，分数次对称地拧紧，使垫片受压均匀。

（4）操作方面

要按操作规操作，防止操作压力和温度超过设计规定或有过大的波动。对高温设备，在开工升温过程中需进行热紧；对低温设备，在降温过程中需进行冷紧。操作人员对设备要正确操作。

思考题

4-1　如何正确使用、管理设备？

4-2　如何进行巡回检查？

4-3　什么是包机制？

4-4　设备泄漏的原因有哪些？

第5章 设备的检修

设备的检修是设备管理中的一个重要环节。设备检修是恢复和提高设备的规定功能与可靠性，借以保证设备和系统生产能力的重要手段。

5.1 设备检修的重要性

5.1.1 设备检修的意义

机器设备在日常使用和运转过程中，由于外部负荷、内部应力、磨损、腐蚀和自然侵蚀等因素的影响，使其个别部位或整体改变尺寸、形状和力学性能等，使设备的生产能力降低，原料和动力消耗增高，产品质量下降，甚至造成人身和设备事故，这是所有设备都避免不了的技术性劣化的客观规律。

在企业中，由于机器设备的生产连续性，而大多数设备是在磨损严重、腐蚀性强、压力大、温度高或低等极为不利的条件下进行生产的。因此，维护检修工作较其他部门更为重要。为了使机器设备能经常发挥生产效能，延长设备的使用周期，必须对设备进行适度的检修和日常维护的保养工作。它是挖掘企业生产潜力的一项重要措施，也是保证多快好省的完成或超额完成生产任务的基本物质基础。

5.1.2 设备功能与时间的关系

由于上述的内在与外界因素，设备在运行一定阶段以后，其功能逐渐劣化，尤其是传动设备、工业炉和受腐蚀严重的设备。一般表现为能力下降、工艺指标恶化、消耗定额上升、可靠度降低，导致设备的总功能下降。如图 5-1 所示。

设备的总功能即额定出力 A_0，当运行 m_1 时间后，其功能就逐渐降低到 A_1，此时就应对设备进行维修。从 0 到这段时间为 m_1，称其为运行间隔期或检修间隔期。按设备管理综合工程学的定义，称为平均检修间隔期。此间隔期应该略短于故障间隔期，使得能在故障发生之前，就置换掉已经磨损或蚀损相当严重的零件或其他故障部件。$t_2-t_1=t_r$，这是停机修理时间。显然对无备用生产流程来讲，这个时间 t_r 越短越好。但必须保证其检修质量，即使在检修完毕后开车运转时间（t_2），设备的功能应恢复到额定功能 A_2，A_2 应等于 A_0，在运行 m_1 时间，即运行间隔后，至时间 t_3 时，设备功能又降到 A_3，此时又需停机检修，

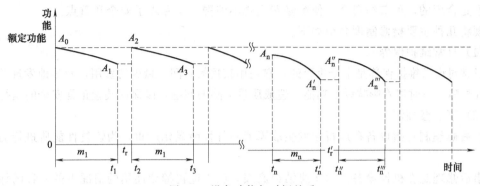

图 5-1 设备功能与时间关系

经过 t_r 时间修理后，设备功能再次恢复。经过运行时间的延续（n 次），经几次修理后，其功能已不能完全恢复，即 $A_n < A_0$。其以后的运行周期 m_n 也缩短了，即 $m_n < m_1$，但修理的工作量却会增加，修理时间也增加，即 $t'_r > t_r$。最后已接近使用寿命的终结，设备已经很难保持其运行时间，造成检修频繁，设备功能不断下降，此时已进入设备后期故障期，应对其进行分析，考虑报废更新了。

必须强调的是，只有在正确操作使用和精心维护设备的前提下，才遵循这样的规则，这种合理的规律就被完全打乱，设备的有效寿命就将大大缩短。

根据上述设备功能随时间的变化关系，可以归纳出以下几条规律。

① 运行中的设备，在运行较长时间以后，其功能逐渐下降，只有通过维修手段，才能恢复其原有功能。

② 用维修手段恢复设备功能是有限的，超过一定时间限度，由于设备主体和所有部件的老化，其功能将逐渐下降，再也无法达到原有水平。

③ 若将运行与检修看作循环运动，则这个循环运动将以螺旋形下降，其半径将逐渐减小（运行周期缩短），形成倒圆锥形。

④ 设备功能下降的速率，与使用、维护和检修的质量密切相关；使用、维护和检修质量越好，设备功能下降越慢，反之则越快。

⑤ 当结合大修进行技术改造后，其总功能可能超过原来的 A_0。这就是设备功能变化的规律。

5.1.3 各种检修制度

对于不同企业，由于企业规模、性质和设备数量及其复杂程度的不同，其检修制度也不一样。实际经验证明，不可能要求所有的化工企业只采用两种检修制度。这是因为企业中设备数量多少、性能好坏、重要性、复杂性等都不相同。例如，化工系统行业多，生产流程相差很大，有的生产工艺要求长周期连续运行，甚至最好是一年连续运行 330 天以上；有的生产工艺却是批量的，只要求连续运行一段时间即可；有的工艺不能间断；有的可以开开停停。另外设备的结构、复杂程度不同，检修要求也不同。所以企业设备检修应该采取分类检修的方针，才是比较合适的。

分类检修，就是按设备的重要性将其分为四类。凡属甲乙类设备为主要设备，应采用计划预修制度；丙类设备占设备总数比例大，这类设备采用检查后修理制度；而丁类设备，则可以采用事后修理制度。这种做法，不仅在技术上可以保证各类设备满足生产需要，而且在经济上是合理的，可节约资金，使维修费用既不浪费，又保障了安全和重点。

现将几种主要检修制度介绍如下。

（1）日常维护保养

日常对设备维护保养是十分重要的，它是用较短的时间、最少的费用，及早地发现并处理突发性故障，及时清除影响设备功能、造成质量下降的问题，以保证装置正常安全的运行。

（2）事后修理制

事后修理制是指设备在运行中发生故障或零件性能老化严重，为恢复性能所进行的检修活动。

事后修理是在机器设备上由于腐蚀或磨损，已不能再继续使用的情况下的一种随坏随修的修理制度。其特点是修理工作计划较差，难以保证修理工作的质量，影响设备使用寿命和妨碍生产的正常进行，如果设备的故障多，将使停机次数增加，设备的利用率降低，成本增高。因此，在连续生产的企业，备机少的装置中，不应采用这种修理制度。但对于结构简单、数量多可替换、容易修理、故障少的设备可以采用这种修理制度。

（3）检修后修理制

检修后修理制的实质是定期对设备进行检修，然后根据检查结果决定检修项目和编制检修计划。

对于企业中丙类设备占设备总数的比例很大的工厂，这种修理制度应用比较普及，但是在目前检测技术较落后的情况下，必须有较高的技术水平的操作、检修工人负责设备维护、检查工作，才能获得较好的效果。

检查后修理制虽然比事后修理制好一些，但也不能较早地制定检修计划和事先做好设备的检修准备工作。

（4）计划预检修制

计划预检修制，是以预防为主、计划性较强的一种比较先进的检修制度。它适用于企业中对生产有直接影响的甲、乙类设备和连续生产的装置。

计划预检修制的计划，是根据设备的运行间隔周期制定的，所以能在设备发生故障前就进行检修，恢复其性能，从而延长设备的使用寿命，检修前可以做好充分的准备工作（编制计划、审定检修内容、制作各种图表、准备所需的备品配件、材料及人力、机具的平衡等），来保证检修工作的质量和配合生产计划安排检修计划。这对维护企业的正常生产、提高生产效率、保证产品质量与生产安全，都有非常积极的作用。因此我国化工企业现阶段都在实行这种检修制度。

除上述内容外，还有视情维护，通常也称状态维修，即根据状态检测的故障模式决定维修策略。状态检测的主要内容是状态检查、状态校核和趋势监测。这些方式一般都是在线的。机会维修，即与视情维修和定期维修并行的一种维修体质。当这些设备或部件按照状态监测结果，需要排除故障或已达到定期维护周期，对于另外一些设备或部件也是一次可利用的机会。结合生产实际，把握维修机会，主要是提高费用有效度。改进（设计）维修，即对那些故障发生过于频繁或维修费用过大的某些设备部件，可以采用改进设计，从根本上消除故障。

5.2 计划检修

设备的计划检修，是进行有计划地维护、检查和修理，以保证设备经常处于完好状态的一种组织技术措施，保证生产计划的全面完成。

对再用的生产机器设备，根据其技术劣化规律，通过资料分析及计算，确定其检修间隔期，以检修间隔期为依据，编制检修计划，对机器设备进行预防检修，称计划预修制（简称计划检修）。这种检修制的优点是有计划的利用生产空隙离线操作，人力、备件均有充分准备。对于故障特征随时间变化的设备，这种检修方式仍不失是一种可利用方式，但对于复杂成套设备，故障无时间规律的设备，这种检修方式就不适合。

5.2.1　计划检修的种类及内容

根据检修的性质、对设备检修的部位、修理内容及工作量的大小，把设备检修分为不同种类，以实行不同的组织管理。一般分为设备的小修、中修、大修和系统停车大检修 4 种。

（1）小修

小修主要是清洗、更换和修复少量容易磨损和腐蚀的零件，并调整机构，以保证设备能使用到下一次的计划检修。

（2）中修

中修包括小修项目，此外还对机器设备的主要零部件进行局部修理，并更换那些经过鉴定不能继续使用到下次中修时间的主要零部件。

（3）大修

大修是一种复杂、工作量大的修理。大修时要对机器设备进行全部或部分拆卸，更换和修复已经磨损及腐蚀的零件，以求恢复机器设备的原有性能。

为了提高设备的技术水平和综合功能，在大修时有时也对设备进行技术改造。

设备检修后，必须进行试运转，并按修理类别分别由使用单位或操作工验收。重点设备厂机动部门须派人员参加验收。

（4）系统停车大检修

这种检修是整个系统或几个系统直至全厂性的停车大检修。修理面很广，通常将系统中的主要设备和那些不停车不能检修的设备及一些主要工程，都安排在系统停车大检修中进行。

无论哪种检修，企业所有系统的人员（包括机、电、仪、操作工、技术人员和干部）都参加，具有全员参与检修的性质。

以上 4 种计划检修的详细内容，如表 5-1 所示。

表 5-1　设备计划的类别及内容

类　别	内　容
日常修理	由包机组负责对本机组进行日常检查和维修,内容与小修内容大致相同,一般不停车
小修	停车进行:①检查紧固零件,如连杆螺栓等;②检查与更换易磨损零件,如阀片等;③更换填料、垫片、弹性联轴器木棒和胶圈;④润滑系统、冷却系统检查、清洗、换油
中修	①小修全部内容;②修理个别部件或更换零件;③修理或更换轴瓦;④检修修理钢套,更换活塞环;⑤更换泵的叶轮、轴、轴承;⑥修理衬里或防腐层;⑦定期检验设备;⑧安全附件的测试检查
大修	①中、小修全部内容;②更换全部已磨损零部件,符合规定标准;③检查调整设备底座与基础,符合标准规定;④更换衬里、防腐层、保温层、炉衬;⑤进行技术改革
系统性大修	①必须在系统或全厂停车时,才能进行检查的项目;②不影响系统或全厂停车修理时间的前提下,可同时进行一些单体设备的大、中、小修及检测更换填充物及基建工程

以上四种计划检修的内容，都是以"预防为主"的原则确定。设备的日常维护保养工作是计划检修维护的基础工作。日常维护保养的工作做得好就能大大减少检修工作量和检修次数。

计划检修的各个组成部分是相互联系的，前一次检修为下一次检修提供资料，以保证机器设备正常运行到下次的计划检修日期。

计划检修制并不排除对偶然性的、临时故障的抢修，以至意外的破坏事故的恢复性检修。如果设备的日常维护保养和计划检修制度贯彻得好，这些计划外的检修是可以减少和避免的。

5.2.2 设备的检修周期

检修周期是计划检修的重要内容，是编制检修计划的依据。

检修停车时间是指每类检修所需要的停车时间，包括生产运行和检修前（排放、置换等）需要的时间。

检修时间是指每类修理所需要的停车时间，不包括检修以外的开、停车等运行需要的时间。

检修周期 对已使用的设备，是指两次相邻大修之间设备的工作时间；对新投产的设备，是指从投产时起第一次大修设备的工作时间。在一个检修周期内，除进行一次大修外，还可进行若干次中、小修。

检修间隔期是指相邻两次修理（无论是大修、中修和小修）之间，设备的工作时间。

在同一设备的一个检修周期中，各个检修间隔期相等。因此检修周期是检修间隔期的倍数。检修周期的长短，是根据设备的构造、工艺特性、使用条件、环境和生产性质决定的，主要取决于使用期间零件的磨损和腐蚀程度。

例如，炼油化工行业机器设备的检修周期，可查阅中国石油天然气股份有限公司颁发的《炼油化工企业设备管理规定》或参阅表 5-2。

检修周期结构是指同一设备在一个检修周期中，所有各种检修的（大修、中修、小修）次数和排列的次序，如图 5-2 所示。

图 5-2 检修周期结构

因设备的检修周期与检修间隔期互成倍数关系，所以已知检修周期 T、检修间隔期 t，即可确定该类设备的检修周期结构。在整个检修周期中大修为一次，其余的中、小修次数，可按下列公式计算：

$$M_{中} = \frac{T}{t_{中}} - 1 \tag{5-1}$$

$$M_{小} = \frac{T}{t_{小}} - (1 + M_{中}) \tag{5-2}$$

式中 $M_{中}$，$M_{小}$——分别表示检修周期中，单独进行的中、小修次数；

$t_{中}$，$t_{小}$——分别表示中、小修间隔期；

T——检修周期，即大修间隔期。

表 5-2 主要设备检修周期表

设备名称	检修周期/月			设备名称	检修周期/月		
	大修	中修	小修		大修	中修	小修
超高压立式压缩机	48	12	2	挤压脱水机	24	12	2~4
超高压卧式压缩机	36~72	12		膨胀干燥机	24	12	3
30MPa 活塞压缩机	12	6	3	JQ4-1 压块机	12	3	1
<5MPa 活塞压缩机	18~24	6~12	1~3	W 型真空泵	24		4
7EH-11、12GH-3001 汽轮机	22~44		11	J,SD,JD 型深井泵	12~18	6	
4 万吨、10 万吨、30 万吨乙烯高压压缩机	24	12	3	40ZLQ-50 以下轴流水泵	8~12		1~3
MTRL-3B 透平冷冻机	48~60	12	6	-38~98℃低温多级泵	12~18		4~6
双螺杆压缩机	72~108	36	6~10	LMV 高速泵	36		6
80m³/min 罗茨鼓风机	12	6	1~2	BA、B 型离心泵		6~12	3~4
低压离心鼓风机	12		3	金属耐腐蚀泵		4~6	1~2
轴流通风机	12~18		6	多级离心泵	18~24		4~8
超高压催化剂柱塞泵	24	12	2~3	YLJ 氯气泵		12	6
DB,JZ,KD 型柱塞泵	24	12	2~3	SZ 型环式真空泵		12	2~3
蒸汽往复泵	18~24	6	1	LA 双螺杆泵	12~18		3~4
电石炉 5000~9000kV·A	12		1	齿轮泵		12~18	4~6
电石炉 10000~20000kV·A	18~24	6	1	沉降式离心机	12	6	3
电石炉 40000kV·A	36	12	1	卧式刮刀离心泵	24~36	8~12	3
A、B、Hp25 型粉碎机	30~36	9~12	1~2	板框压滤机	24	12	不定期
桥式起重机	24~36	12	3	真空回转过滤机	36	6	3
电动葫芦	24	12	3	滚筒干燥机	36~48	6~12	3~4
皮带运输机	12	3~6		离心式热油泵	12~18		3~4
变压器	5~10		1	行星齿轮增速器	24		12
电动机		6~12	3~6	齿轮减速器	24~38		3
卧式滚筒混合机	36	6~12	2~3	SS,SX 三足式离心机	12~18	6	3
CIM-320 双螺杆混炼机	36	12	3~4	有机载体加热炉	12~18	4~6	
P305-18SW 造粒机	36	12	6	石油气箱式裂解炉	36	12	
轻柴油裂解炉	12~15	3~4		联碱法碳化塔	98	12	
乙、丙烷裂解炉	12~18	5~6		ϕ2500 蒸汽煅烧炉	144	36	1
氨碱法碳化塔	36	12	1	ϕ1500~1800 球磨机	36	8	1

例如，某工厂热交换器，检修周期长度为 24 个月。按照不同的检修工作内容和应更换零部件的磨损程度而确定的中修间隔期为 12 个月、小修间隔期为 3 个月。试求检修周期单独进行的中、小修次数，并列出检修周期结构。

根据上述计算公式：

$$M_{中}=\frac{T}{t_{中}}-1=\frac{24}{12}-1=1（次）$$

$$M_{小}=\frac{T}{t_{小}}-(1+M_{中})=\frac{24}{3}-(1+1)=6（次）$$

根据上述计算结果，便可列出检修周期结构，如图 5-2 所示。

各企业由于生产条件不同，其设备检修周期也不同，可根据实际情况编制出合理的检修周期结构，并记入设备的技术档案。

5.3 设备检修定额

为了保证检修计划的顺利进行，以及做好施工前的准备工作，必须做好施工的基础工作——建立各种检修施工定额，这是实施检修工程的主要依据。

5.3.1 检修工作量定额

由于生产设备的工艺条件多样化和复杂性，其检修工作量定额繁杂异常。需要根据一系列的检测资料和分析统计原始资料；估算零部件的平均寿命；结合设备的日常维护保养情况等来确定。

5.3.2 检修间隔期定额

"检修间隔"是指相邻两次检修之间的时间间隔。其时间间隔定额取决于生产的性质、设备的构造、操作工艺、工作班次和安装地点等。主要取决于试用期间零部件的磨损和腐蚀程度，即设备的老化程度。"检修间隔期"分大修、中修、小修三种。化工生产设备的大修间隔期定额一般在 1～3 年；中修在 6～12 个月；小修在 1～3 个月。

5.3.3 检修工时定额

为了保证检修计划的顺利进行，必须正确地确定完成一次检修工作所需的工时定额。各种检修工时的长短，取决于设备的结构和设备检修的复杂程度、检修工艺的特点、检修工技术水平、工具、机具及施工管理技术等。因此，各企业的设备检修工时定额是不同的。

目前，比较常用的确定检修定额的方法有以下几种。

① 经验估算法是在总结实际经验的基础上，结合实际施工要求、材料供应、技术装备和工人技术等施工组织条件，经过分析研究和综合平衡，估算出某一检修工序的检修工时定额。这种方法，一般适用于零星施工项目和新的施工方法等第一次估工定额。

② 统计分析法亦称经验统计法。它是利用已积累的同类工序实际工时消耗的统计资料，在整理和分析的基础上，结合技术组织条件来确定的方法。这种方法，一般使用于施工条件比较稳定、工艺变化比较小、而且原始统计资料比较齐全的施工项目。

③ 类推比较法是以同类施工工序的定额为依据，经过分析对比，推算另一施工工序的定额。这种方法一般使用于施工工序多、工艺变化较大的施工项目。采用类推比较法，要有施工过程定额和实耗工时记录及相应的定额标准作为资料，来做对比和类推。两个施工项目，必须是同类灵活或相似类型的，题目具有可比性。

④ 技术测定法又称技术定额法或计算测定法，是在分析施工技术的条件，对定额时间的组成进行分析计算和实地观察测定基础上制定定额的方法，这种方法一般适应于施工技术组织条件比较正常和稳定的施工项目。

⑤ 三点估算法。在设有工时定额的情况下，采用三点估算法。它是引用数学概率统计的方法，把非肯定的条件肯定化。三点估算法，即取三种有代表性的工时定额，运用下式进行计算：

$$t_e = \frac{a + 4m + b}{6} \tag{5-3}$$

式中　t_e——确定的估计工时；

　　a——可能完成的最快估计工时；

　　m——最有可能完成的估计工时；

　　b——可能完成的最慢估计工时。

5.3.4　设备停歇时间定额

设备停歇时间是指设备在交出检修前所进行的设备清洗、置换、分析及交工后试压、查漏、置换、吹净所需要的时间。设备停歇时间定额分单台设备与一套装置两种。因各种设备不同，各套装置的工艺生产条件不同，定额也有所不同。企业应根据自己设备和生产装置工艺条件，制定设备停歇时间定额。如中型合成氨厂系统停车大修，一般从停车到交出检修的时间为 20h；检修后开车（包括试压、查漏、置换）是 48h，则该装置的停歇时间定额就是 68h。定额制订以后，每次停产检修，就可按定额安排检修计划。

5.3.5　检修停车时间定额

检修停车时间定额，是指设备停机检修开始，到试车合格为止的全部时间。可根据检修工时定额，按不同类型的设备检修类别（大、中、小修），参照下列公式计算：

$$T_{停} = \frac{Q}{NDSK} + T_L \tag{5-4}$$

式中　$T_{停}$——设备检修的停车时间定额，h；

　　Q——设备检修工时定额，h；

　　N——每班参加检修的人数；

　　D——每班工作小时数；

　　S——每昼夜参加检修的班数；

　　K——完成定额系数；

　　T_L——其他辅助时间，h。

公式中的设备检修工时定额，在采用计划检修制度的情况下，是指各个工种的综合工作量。

5.3.6　维修材料定额

维修材料定额是指设备一次大修所需的材料消耗定额，维修材料包括钢材、小五金材料、润滑油（脂）等，不包括备件和低值易耗品。企业在制定维修材料定额时，应根据不同的设备结构，不同的施工条件进行制定。

5.3.7　检修费用定额

检修费用分为大修费用和中、小修费用两种。

大修费用的来源，是以固定资产原值为基础，根据一定的比例，按月提取，留作企业用于支付固定资产费用。

固定资产的中、小修费用（即维修费用），由企业制定每月指标，按月计入成本。检修费用定额可分为年的大修费用定额、月的维修费用定额、单台设备大修费用定额三种，这是考核设备管理、设备维修工作经济效益的主要依据。

5.4 检修计划的编制

设备检修计划，是企业根据设备本身固有的运动规律，从保证生产出发，对全厂检修任务的统筹预安排。从计划本身来讲，要涉及检修方式、检修内容、检修量、检修间隔期、检修时间等诸方面。即在检修计划中，要根据不同设备情况，确定检修方式、检修内容、检修工作量、检修间隔期和检修时间。

长期以来，在我国企业，实行的是计划预检修制（简称计划检修）。从主导思想上来说，是在设备发生故障之前，就对设备进行不同类别的修理，以防止故障的发生。所编制的计划是与生产计划紧密配合和协调的。

设备检修计划从时间上划分，有年的检修计划、季度检修计划和月度检修计划。从检修范围上划分，有单体设备检修计划和系统设备检修计划。就检修性质，又有日常维修、小修、中修、大修之分。对厂部来讲，主要控制的是设备大修计划。

5.4.1 设备大修年度计划的编制程序

① 编制年度大修计划（包括装置、系统或全场停车检修计划）的依据是主要设备的检修技术规程、设备档案、设备实际检测试验鉴定的技术数据。由生产车间填报设备大修项目申请和设备保费重置申请。

② 审核。审核工作由厂机动部门进行，其审核内容有：申请检修内容；运行情况；历时检修资料；费用概算。

③ 综合概算。

④ 由机动部门负责编制初步年度大修计划。

⑤ 将初步计划交生产计划部门征求意见，并落实具体时间。

⑥ 在听取生产计划部门意见的基础上，正式编制年的设备大修计划。

⑦ 报主管厂长审批。

⑧ 报上级主管部门审批。

⑨ 在年前 60 天左右，打印下发大修年度计划。

5.4.2 季度大修计划的编制

① 在季前 55 天左右，根据年度计划，核定本季的检修内容、准备图纸、调整设备订货。

② 根据核算内容单和图纸编制预算。

③ 由机动部门编制出季度大修计划。

④ 报主管厂长及有关部门备案。

⑤ 在季前 20 天左右，正式下达季度大修计划。

5.4.3 月度大修计划的编制

月度修理计划主要是在与生产计划、施工条件平衡的基础上制定具体施工网络计划，一般在检修前 10 天左右，交出网络施工计划。

在设备大修计划中，除完成上述三类计划工作外，还有一项内容，就是根据大修工作进度要求做好设备材料、备品配件、工具器、资金、劳动力的准备和供应工作。

检修计划编制的平衡工作，由机动部门进行。平衡工作要做到"三个配套"，即前后配套；机、电、仪配套；主辅机、附属设备及设施配套。

表 5-3～表 5-5 给出相关的检修计划表格式。

表 5-3　年度主要设备修理计划进度表

顺序	设备编号	设备名称	检修间隔期定额								
			大修			中修			小修		
			间隔/月	定额/h	工时天数/班	间隔/月	定额/h	工时天数/班	间隔/月	定额/h	工时天数/班
1	2	3	4	5	6	7	8	9	10	11	12

上次最后一次大、中修理		一季			二季			三季			四季		
日期	性质	1 月	2 月	3 月	4 月	5 月	6 月	7 月	8 月	9 月	10 月	11 月	12 月
13	14	15	16	17	18	19	20	21	22	23	24	25	26

表 5-4　年度大修理工料计划

上次修理日期：　　　　　　　　　本次停车时间：

厂车间本次停修起止日期：　　　　影响产量：

工程编号	工程项目			计划工作总量/元			备注			杂项及其他费用
工程量部分	备件部分				材料部分				人工部分					
分类工程名称及修理内容	名称	图件号	备件号	单位	数量	金额	名称	规格	单位	数量	金额	工种类别	数量	单位工资	金额	杂费名称	金额

表 5-5　年度大修工程计划汇总表

厂车间：

序号	项目编号	项目名称	停修费用	修理费用 /万元	需用材料		材/m³	水泥/t
					钢材/t			
					有色	黑色		

5.5　设备检修工程的施工管理

设备检修工程的施工管理，是设备检修计划的实施过程（包括施工准备、施工现场管理、交工验收、施工的总体线路和施工程序等）。在整个过程中要以施工指挥调度为中心，对施工进行全面管理，确保检修计划的完成。

5.5.1　检修工程的施工管理

设备检修工程的管理和施工组织有设备（单机）的计划预修和事后检修、装置（系统）或全厂性停车检修两种。

设备（单机）的计划预修和事后检修，由企业维修管理部门负责组织和实施，企业内的维修队伍按计划负责施工。

装置（系统）或全厂性停车检修，任务重，涉及面广，因此在检修工程前，要成立以厂长为首的检修工程筹备领导小组，协调企业内部计划、财务、供销、设备检修等管理部门的工作，确保检修工程的顺利进行。在施工时，要成立以厂长为首的检修工程指挥部，下设计划调度、工程质量、安全、物资供应、生活服务等部门，具体负责检修工程施工的指挥调度和各项监督工作。如图 5-3 所示。

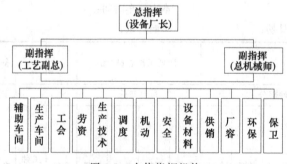

图 5-3　大修指挥机构

5.5.2　施工前的准备工作

在检修工程的施工中，对检修计划、施工设备、施工技术方案、施工安全措施、检修质量、文明检修、交工验收、开停车衔接、费用核算十分重视。检修工程施工后，做到后台设备符合质量标准，每一套装置一次开车成功，对于检修工作量很大的化工装置（系统）或全厂性停车检修，应在筹备领导组织下做好"十落实""五交底""三运到""一办理"等项准备工作。

"十落实"是：组织工作落实、施工项目落实、检修时间落实、设备和零部件落实、各种材料落实、劳动力落实、施工图纸落实、施工单位落实、检修任务落实、政治思想工作落实。

"五交底"是：项目任务交底、施工图纸交底、质量标准交底、施工安全措施交底、设备零部件及材料交底。

"三运到"是：施工前必须把设备备件、材料和工机具运到现场，并按规定位置摆放整齐。

"一办理"是：检修施工前必须办理"安全检修任务书"。

下面介绍如何落实检修的各项任务。

（1）检修人力资源筹集决策

装置（系统）或全厂性停车修理，检修人力资源很缺，往往出现人力不足现象，如何筹集决策是企业内机动部门的一个重要工作。决策的准则是费用最少，同时又能满足检修与安全的需要。首先罗列可供决策的方针有哪些，然后决定哪种方针最理想。在决策时会遇到很多因素，但总的准则不能放弃。一般企业装置大修的检修人力资源筹集决策如图 5-4 所示。

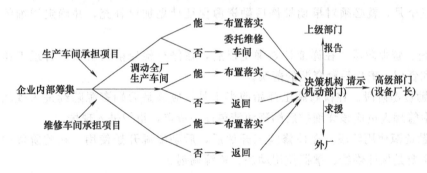

图 5-4　检修人力资源筹集决策图

（2）检修任务的布置落实

① 施工单位落实　维修工人组织形式有分散型、集中型和综合型。现在介绍综合型维修组织的维修任务及施工单位的落实。

a. 车间维修组，检修工种主要是以钳工为主，有少量的电焊工等，维修设备以传动设备为主。维修车间检修力量比较强，检修工种和装备比较全，能承担生产车间不能承担的加工任务和大修任务。

b. 装置（系统）或全厂性停车大修，维修项目多，落实施工是一项细致复杂的工作。在初步制定大修计划后，设备管理部门首先在调查研究的基础上做生产车间与维修车间承担任务的分工。分工的原则是生产车间承担传动设备的检修项目及系统中的一般项目；重点项目，特别是冷铆、电焊工作量大、要求高的检修项目（管道焊接 X 光拍片项目及大口径管道更换）原则上由维修车间承担。

检修项目的施工单位初步确定后，组织生产车间和辅助车间讨论，在求大同存小异的情况下，最后正式落实检修项目的施工单位。如以上两个车间承受不了这么多项目，则可考虑在本企业内调动，然后再求外援。

②　检修任务落实

a. 车间自修项目，由车间自行落实。其中项目分两大部分：一是化工操作承担的维修项目，如设备的内部清洗、更换塔内填料等简单检修项目；二是维修组承担的设备检修项目。

b. 维修车间任务的落实。当接到正式确定的检修项目后，车间应组织技术人员、定额员、施工调度员、各检修工段长，在机动部门和生产车间的配合下，对每个项目进行现场查看工作量，估算工时，对人力资源反复平衡后，再将任务下达到班组和个人。

（3）检修后勤资源的落实、督促与检查

①　检修后勤资源的范围　企业装置（系统）或全厂性停车大修施工，其后勤资源主要包括以下几个方面：除已落实的检修人员外，所需外借的检修人员及辅助劳动力；预制件；备件；材料（包括钢材、木材、建材）；运输设备（包括吊车、卡车、平板车、拖拉机运输车等）；工器具（电焊机、卷扬机等）。

②　检修后勤资源保证管理　检修后勤资源的保证管理，是从后勤资源计划的最初阶段开始的，并延续到整个检修工程结束为止。其管理工作可归纳为以下几个基本阶段。

a. 概念阶段。当企业一个维修工程确定以后，经过分析研究，特别是可行性研究，开始拟定一个早期检修后勤资源保障计划。

b. 详细计划确定阶段。当装置运行一阶段后又会增加一些设备缺陷，特别是装置停车检修前两三个月，就必须对早期检修后勤资源保证计划加以补充，并确定详细的计划完成日期。

c. 检查、督促阶段。在详细计划确定以后，在停车检修前的阶段，管理工作的职能主要是检查和督促，确保后勤资源的落实。

d. 后勤资源阶段。在检修施工开始前半个月，应该是后勤资源陆续进入现场阶段。在这一阶段中管理人员应该详细按后勤资源清单逐一清点，组织进入现场。

e. 后勤资源使用阶段。在检修施工开始后，后勤资源开始使用。在此阶段中，管理人员的工作主要是保证供给、掌握使用动态、资源调剂。

f. 后勤资源清理阶段。当一个装置或检修工程施工结束后，现场总会剩余一些材料，主要有钢材、木材、预制件、备件等，这些材料如不及时收回退库就会造成浪费。在此阶段，后勤资源管理应及时做好现场清理和退库工作。

检修后勤资源的保证管理，其阶段可有多种形式，但一般如图5-5所示。

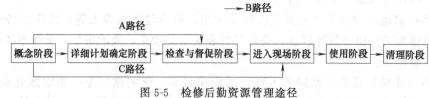

图5-5　检修后勤资源管理途径

③　检修后勤资源组织及各自职责　企业装置（系统）或全厂性停车大修施工，如果没有一个检修后勤资源组织来保证后勤资源的供给，是很难完成检修施工任务的。一般后勤资源组织，如图5-6所示，其后勤资源的落实、督促与检查是通过组织活动实现的。

5.5.3　施工现场管理

①　施工现场以图和数据指导修理工作。主要装置（系统）和大修项目应有二图二表，

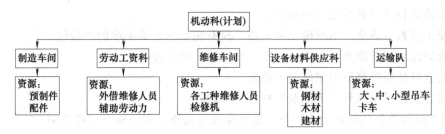

图 5-6　化工企业维修后勤资源组织

即检修网络图和现场平面布置图，主要项目进度表和主要质量标准表。做到图表规格化，摆放整齐。

② 检修工作要实行全面质量管理，严格按检修技术规程中质量标准和暂定质量标准执行。对于不符合标准要求的设备、备品配件、紧固件、各种阀门材料等，凡是没有审批的变更手续，检修人员有权拒绝使用。

③ 检修完的设备、管道等都要达到完好标准，做到不漏油、不漏水、不漏汽（气）、不漏物料、不漏电。

④ 实行文明检修。即"五不乱用""三不见天""三不落地""三条线"。

"五不乱用"：不乱用大锤、管钳、扁铲；不乱拆、乱拉、乱顶；不乱动其他设备；不乱打保温层；不乱拆其他设备的零件。

"三不见天"：润滑脂不见天；洗过的机件不见天；拆开的设备、管口不见天。

"三不落地"：设备的零件不落地；工量具不落地；油污、污物不落地。

"三条线"：设备零件摆放一条线；材料物质摆放一条线；工具机具摆放一条线。

在交工验收前做到工完、料净、现场清。

在检修施工中，要经常召开现场调度会，及时研究、调整和解决施工中的问题，保证检修的进度、质量和安全。

5.5.4　施工验收与总结

设备检修的最终成果表现在设备检修质量上。检修质量达不到要求，不仅影响产品质量，也影响生产任务的完成，还会使设备很快又重新损坏，甚至发生严重事故。因此，在设备检修结束时，要组织有关人员对计划检修的项目、内容、检修质量、交工资料、无漏泄状况、检修现场、安全设施等进行全面的检查验收。

（1）施工验收队伍的组成

检修施工验收实行"三级检查制"。即检修人员自检、班组长（或工段长）抽检、专业人员终检，从而保证检修的质量。

在三级检查的基础上，装置（系统）或全厂性停车大修的重点项目由总工程师室（副总工程师、总机械师、总动力师、总仪表师）组织验收。主要设备大、中修及主要维修项目由机动部门组织验收。一般项目由生产车间机械员自行组织验收。

（2）施工验收准则

检验质量实行全面质量管理，严格按检修技术规程中的质量标准和暂定质量标准进行验收。验收时严格执行"六不验收"准则。

① 维修项目不完全和内容不完全的不验收。

② 维修项目达不到标准的不验收。

③ 交工资料不齐全、不准确、不整洁、没有完备的签章手续的不验收。

④ 维修结束后未做到"工完、料净、场地清"的不验收。

⑤ 安全设施经维修后不完好的不验收。

⑥ 设备、管道未达到"无泄漏"标准的不验收。

实际上设备检修的检查验收工作，是贯穿设备检修工作的整个过程之中。

认真作好检修记录，对收集到的各种数据进行综合分析，找出问题、提出改进意见和措施、检修记录应包括下列内容。

一般情况记录：计划检修时间、实际检修使用工时、总计工时（钳工、起重、电焊、气焊、铆工配管、瓦工、架子工、油漆工）。本次检修前设备存在的主要缺陷、本次发现的主要问题、检修中进行的技术革新及设备结构改进的内容、以消除的内容和缺陷以及下次检修应更换的零件及如何检修的意见。

检修更换零件记录：主要零件更换情况，包括零件名称、损坏情况、数量、新零部件技术文件。一般零部件更换情况，包括零件名称、数量。

检修设备的名称、规格、检修类别、检修负责人、检修单位。

检修施工的交工资料由检修单位交给设备使用单位，并在一个月内整理归档。

主要设备大修，装置（系统）或全厂性停车检修，在开车生产正常后，都应及时写出检修技术总结。主要内容包括实际完成检修项目、内容、进度、工时、每台检修费用等是否符合计划，其原因是什么。按下式计算出大修完成率和工时计划率：

$$大修完成率 = \frac{实际完成大修项目}{计划大修工程项目} \times 100\% \tag{5-5}$$

对检修或更换的设备、零部件，使用是否符合检修周期，被检查、检测的设备或零部件预计下个检修周期。

检修后试车的技术数据与正常运行的技术数据进行比较与分析。

对各类检修定额进行考核、验证的结果进行分析，找出不足之处，提出完善和改进的措施。

 思考题

5-1 根据检修的性质，计划检修可以分为哪几类？

5-2 什么是检修周期？

5-3 什么是检修间隔期？

5-4 设备检修工程施工前的"一办理"指的是什么？

第6章　设备的故障与事故

实际生产中，设备故障与设备事故是客观存在的。为了最大限度地提高企业的经济效益，其中相当重要的一点就是希望把设备故障次数降低到最低限度。假如其他条件都不变，减少了设备故障的次数，就是提高了设备运转率，就可以提高产量，降低消耗，从而降低成本。从理论上讲，设备故障次数的最低限度为零，此时设备的可利用时间达到百分之百；"无维修设计"就是在这种指导思想下提出来的。然而，设备运转过程中技术状态的变化是不可避免的，所以这种设想也就难以实现。但是，要是设备故障发生率降低到最小限度并非不能实现。为此，研究设备故障，减少设备故障是从事设备管理与维修工作者的一项重要任务。

6.1　设备故障分类及分析方法

6.1.1　设备的故障及分类

（1）设备故障的概念

在《设备管理维修术语》一书中，将故障定义为"设备丧失规定的功能"。这一概念可包括如下内容。

① 引起系统立即丧失其功能的破坏性故障。

② 与设备性能降低有关的性能上的故障。

③ 即使设备当时正在生产规定的产品，而当操作者无意或蓄意使设备脱离正常的运转时。显然，这里故障不仅仅是一个状态的问题，而且直接与人们的认识方法有关。一个确实处于故障状态的设备，但如果它不是处于工作状态或未经检测，故障就仍然可以潜伏下来，从而，也就不可能被人们发现。

故障这一术语，在实际使用时常常与异常、事故等词语混淆。所谓异常，意思是指设备处于不正常状态，那么，正常状态是一种什么状态呢？如果连判断正常的标准都没有，那么就不能给异常下定义。对故障来说，必须明确对象设备应该保持的规定性是什么，以及规定的性能现在达到什么程度，否则，同样不能明确故障的具体内容。假如某对象设备的状态和所规定的性能范围不相同，则要认为该设备的异常为故障。反之，假如对象设备的状态，在规定性能的许可水平以内，此时，即使出现异常现象，也还不能算作是故障。总之，设备管理人员必须把设备的正常状态、规定性能范围，明确地制定出来。只有这样，才能明确异常和故障现象之间的相互关系，从而明确什么是异常，什么是故障。如果不这样做就不能免除混乱。

事故也是一种故障，是侧重安全与费用上的考虑而建立的术语，通常是指设备失去了安全的状态或设备受到非正常的损坏等。关于设备的事故，将在 6.2 节讨论。

(2) 设备故障的分类

设备故障按技术性原因，可分为四大类，即磨损性故障、腐蚀性故障、断裂性故障及老化性故障。

① 磨损性故障　由于运动部件磨损，在某一时刻超过极限值所引起的故障。所谓磨损是指机械在工作过程中，互相接触做相互运动的对偶表面，在摩擦作用下发生尺寸、形状和表面质量变化的现象。按其形成机理又分为黏附磨损、表面疲劳磨损、腐蚀磨损、微振磨损等 4 种类型。

② 腐蚀性故障　按腐蚀机理不同又可分为化学腐蚀、电化学腐蚀和物理腐蚀 3 类。

化学腐蚀是金属和周围介质直接发生化学反应所造成的腐蚀。反应过程中没有电流产生。

电化学腐蚀是金属与电介质溶液发生电化学反应所造成的腐蚀。反应过程中有电流产生。

物理腐蚀是金属与熔融盐、熔碱、液态金属相接处，使金属某一区域不断溶解，另一区域不断形成的物质转移现象。

在实际生产中，常以金属腐蚀不同形式来分类。常见的有 8 种腐蚀形式，即均匀腐蚀、电偶腐蚀、缝隙腐蚀、小孔腐蚀、晶间腐蚀、选择性腐蚀、磨损性腐蚀、应力腐蚀。

③ 断裂性故障　可分脆性断裂、疲劳断裂、应力腐蚀断裂、塑性断裂等。

a. 脆性断裂。可由于材料性质不均匀引起；或由于加工工艺处理不当所引起（如在锻、铸、焊、磨、热处理等工艺过程中处理不当，就容易产生脆性断裂）；也可由于恶劣环境所引起；如温度过低，使材料的力学性能降低，主要是指冲击韧性降低，因此低温容器（−20℃以下）必须选用冲击值大于一定值的材料。再如放射线辐射也能引起材料脆化，从而引起脆性断裂。

b. 疲劳断裂。由于热疲劳（如高温疲劳等）、机械疲劳（又分为弯曲疲劳、扭转疲劳、接触疲劳、复合载荷疲劳等）以及复杂环境下的疲劳等各种综合因素共同作用所引起的断裂。

c. 应力腐蚀断裂。一个有热应力、焊接应力、残余应力或其他外加拉应力的设备，如果同时存在与金属材料相匹配的腐蚀介质，则将使材料产生裂纹，并以显著速度发展的一种开裂。如不锈钢在氯化物介质中的开裂，黄铜在含氨介质中的开裂，都是应力腐蚀断裂。又如所谓氢脆和碱脆现象造成的破坏，也是应力腐蚀断裂。

d. 塑性断裂。塑性断裂是由过载断裂和撞击断裂所引起的。

④ 老化性故障　上述综合因素作用于设备，使其性能老化所引起的故障。

6.1.2　设备故障分析方法

故障分析的方法一般有统计分析法、分布分析法、故障树分析法和典型事故分析法等。

(1) 统计分析法

通过统计某一设备或同类设备的零部件（如活塞、填料等）因某方面技术问题（如腐蚀、强度等）所发生的故障，占该设备或该类设备各种故障的百分比，然后分析设备故障发生的主要问题所在，为修理和经营决策提供依据的一种故障分析法，称为统计分析法。

以腐蚀为例，工业发达国家都很重视腐蚀事故的经济损失。经统计每年由于腐蚀损失造成的经济损失占国民经济总产值的5％左右。设备故障中，其腐蚀故障约占设备故障的一半以上。国外对腐蚀故障做了具体分析，得出的结论是：随着工业的发展，腐蚀形式也发生了变化，不仅仅是壁厚减薄，或表面形成局部腐蚀，而主要是以裂纹、微裂纹等形式出现了。美国、日本对各种形式腐蚀故障的统计分析资料，见表6-1～表6-3。

表6-1 美国杜邦公司的资料

腐蚀形式	一般形式腐蚀	裂纹(应力腐蚀和疲劳腐蚀)	晶间腐蚀	局部腐蚀	点蚀	汽蚀	浸蚀	其他
各种形式腐蚀故障所占比重/％	31	23.4	10.2	7.4	15.7	1.1	0.5	8.5

表6-2 日本三菱化工机械公司10年间的统计资料

腐蚀形式	各种形式腐蚀故障所占比重/％	腐蚀形式	各种形式腐蚀故障所占比重/％
应力腐蚀	45.6	疲劳腐蚀	8.5
点蚀	21.8	氢脆	3.0
均匀腐蚀	8.5	其他	8.0
晶间腐蚀	4.9		

表6-3 日本挥发油株式会社10年间的统计资料

腐蚀形式	各种形式腐蚀故障所占比重(1963～1968年)/％	各种形式腐蚀故障所占比重(1969～1973年)/％
均匀腐蚀	22	21
局部腐蚀	22	22
应力腐蚀和疲劳腐蚀	48	51
脆性破坏	3	6
其他	5	5

（2）分布分析法

分布分析法是对设备故障的分析范围由大到小、由粗到细逐步进行，最终必将找出故障频率最高的设备零部件或主要故障的形成原因，并采取对策。这对大型化、连续化的现代化工业，准确地分析故障的主要原因和倾向，是很有帮助的。

美国凯洛格公司用分布分析法，对合成氨厂停车原因作了分析（表6-4、表6-5）。

表6-4 第一步：统计停车时间及停车次数

年份	1969～1970(22个厂)	1971～1972(27个厂)	1973～1974(30个厂)	1975～1976(30个厂)
平均停车天数	50	45.5	49	50
平均停车次数	9.5	8.5	10.5	11

由表6-5可见，在每两次停车中，就有一次是主要设备的事故引起的。

分析表6-6可看出：

① 合成气压缩机停车次数所占比例较高，在1975～1976年的统计中，高达25％，这是因为离心式合成气压缩机的运行条件苛刻，转速高、压力高、功率大、系统复杂，因振动较大，引起压缩机止推环、叶片、压缩机密封部件及增速机轴承损坏等故障出现；

表 6-5　第二步：分析停车原因

事故分类 ＼ 年份	1969～1970(22 个厂)	1971～1972(27 个厂)	1973～1974(30 个厂)	1975～1976(30 个厂)
仪表事故	1	2	1.5	1.5
电器事故	1	0.5	1	1
主设备的事故	5.5	5	6	6
大修	1	0.5	0.5	0.5
其他	5	0.5	1.5	2
总数	13.5	8.5	10.5	11

② 上升管和集气管的泄漏占较大的百分比（13％～19％）；

③ 管道、法兰和阀门的故障占 5％～11％，也比较高。

通过以上分析，发生故障的主要部位就比较清楚了，因而可以采取不同对策，来处理各种类型的故障。

表 6-6　第三步：分析停车次数最多的主要设备事故　　　　　　　　　　%

主要设备名称	1969～1970 年 （22 个厂）	1971～1972 年 （27 个厂）	1973～1974 年 （30 个厂）	1975～1976 年 （30 个厂）
废热锅炉	21	10	—	8
护管、上升管和集气管	19	17	19	13
合成气压缩机	13	16	16	25
换热器	10	9	8	11
输气总管	6	—	6	7
对流段盘管	5	—	—	—
合成塔	—	8	—	—
管道、阀门和法兰	—	—	5	11
空压机	—	11	9	—

（3）故障树分析法

① 故障树分析法的产生与特点　从系统的角度来说，故障树有因设备中具体部件（硬件）的缺陷和性能恶化所引起的，也有因软件，如自控装置中的程序错误等引起的。此外，还有因为操作人员操作不当或不认真而引起的损坏故障。

20 世纪 60 年代初，随着载人宇航飞行、洲际导弹的发射以及原子能、核电站的应用等尖端和军事科学技术的发展，都需要对一些极为复杂的系统进行故障分析，故障树分析法就是在这种情况下产生的。

故障树分析法简称 FTA（failure tree analysis），是 1961 年为评定美国洲际导弹操作系统可靠性及其安全情况，由美国贝尔电话研究室的华特先生首先提出的。其后在航空和航天器的设计、维修，原子反应堆，大型设备以及大型电子计算机系统得到广泛的应用。目前，故障树分析法虽然还处在不断完善的发展阶段。但其应用范围正在不断扩大，是一种很有前途的故障分析法。

总的来说，故障树分析法具有以下特点。

它是一种从系统到部件，再到零件，按"下降形"分析的方法。它从系统开始，通过由逻辑符号绘制出的一个逐渐展开成树状的分枝图，来分析故障事件（又称顶端事件）发生的概率。同时也可以用来分析零件、部件或子系统故障对系统故障的影响，其中包括人为因素和环境条件等在内。

它对系统故障不仅可以做定性的分析，而且还可以做定量的分析；不仅可以分析由单一构件所引起的系统故障，而且也可以分析多个构件不同模式故障而产生的系统故障情况。

因为故障树分析法使用的是一个逻辑图，因此，不论是设计人员或是使用和维护人员都容易掌握和运用，并且由它可派生出其他专门用途的"树"。例如，可以绘制出专用于研究维修问题的维修树，用于研究经济效益及方案比较的决策树等。

由于系统故障树是一种逻辑门所构成的逻辑图，因此适合用于计算机来计算；而且对于复杂系统的故障树的构成和分析，也只有在应用计算机的条件下才能实现。

显然，故障树分析法也存在一些缺点。其中主要是构造故障树的多余量相当繁重，难度也较大，对分析人员的要求也较高，因而限制了它的推广和普及。在构造故障树时要运用逻辑运算，在其未被一般分析人员充分掌握的情况下，很容易发生错误和失察。例如，有可能把重大影响系统故障的事件漏掉；同时，由于每个分析人员所取的研究范围各有不同，其所得结论的可信性也就有所不同。

② 故障树的构成和顶端事件的选取　一个给定的系统，可以有各种不同的故障状态（情况）。所以在应用故障树分析法时，首先应根据任务要求选定一个特定的故障状态作为故障树的顶端事件，它是所要进行分析的对象和目的。因此，它的发生与否必须有明确定义；它应当可以用概率来度量；而且从它起可向下继续分解，最后能找出造成这种故障状态的可能原因。

绘制故障树是故障树分析法中最为关键的一步。通常要由设计人员、可靠性工作人员和使用维修人员共同合作，通过细致的综合分析，找出系统故障和导致系统该故障的诸因素的逻辑关系，并将这种关系用特定的图形符号，即事件符号和逻辑符号表示出来，成为以顶端事件为"根"向下倒长的一棵树——故障树。它的基本结构及组成部分如图 6-1 所示。

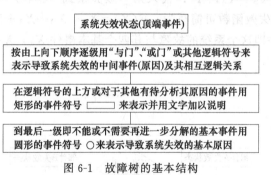

图 6-1　故障树的基本结构

③ 故障树用的图形符号　在绘制故障树时需用规定的图形符号。它们可分为两类，即逻辑符号和事件符号，其中常用的符号分别如图 6-2 和图 6-3 所示。

图 6-4 是应用这些图形符号绘制的一较为简单的故障树形式。根据这种故障树，就可以从选定的系统故障状态，即顶端事件开始，逐级地找出其上一级与下一级的逻辑关系，直至最后追溯到那些初始的或其故障机理及故障概率为已知的，因而不需要继续分析的基本事件时为止。这样，就可得出这个系统所有基本事件之间的逻辑关系。在大多数情况下，故障树都是由与门及或门综合组成。因此，在各基本事件均为独立的条件下，即可利用事件的和、积、补等布尔代数的基本运算法则，列出这个系统的故障函数（系统故障与基本事件的逻辑关系）。随后，就可进一步对顶端事件作出定性的或定量的分析。下面以图 6-4 所示的故障树，试用上述方法进行系统故障分析。

符号	名称	因果关系
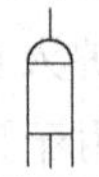	与门	输入端所有事件同时出现时才有输出
	或门	输入端只要有一个事件出现时即有输出
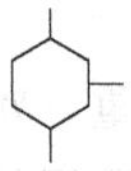	禁门	输入端有条件事件时才有输出
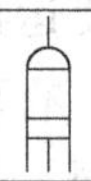	顺序门	输入端所有事件按从左到右的顺序出现时才有输出
	异或门	输入端事件中只能有一个事件出现时才有输出

图 6-2 逻辑符号

符号	名称	含义
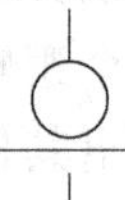	圆形	基本事件,有足够的原始数据
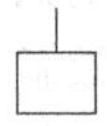	矩形	由逻辑门表示出的失效事件
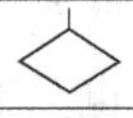	菱形	原因未知的失效事件
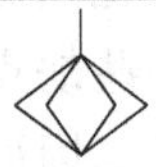	双菱形	对整个故障树有影响,有待进一步研究的、原因尚未知的失效事件
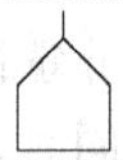	屋形	可能出现也可能不出现的失效事件
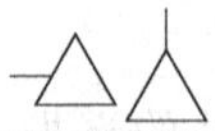	三角形	连接及传输符号

图 6-3 事件符号

例 6-1 试分析图 6-4 所示的故障树,并列出该系统的故障函数。

解: 由图可知,本例为一个两级故障树。即系统故障的顶端事件 F 是由第一级部件 A 的故障事件 X_A 和部件 B 的故障事件 X_B 的或门组成(图中含有一个菱形事件符号,表示该事件的原因未明或者对系统故障影响很小,可不予考虑),故有:$F(x)=X_A \cup X_B$ 的逻辑关系;而第二级则有由基本事件 X_1 和 X_2 组成的或门,还有由基本事件 X_3 和 X_4 所组成的与门,因此有:

$X_A=X_1 \cup X_2$ 及 $X_B=X_3 \cap X_4$;代入第一级关系式中得:$F=X_A \cup X_B=(X_1 \cup X_2) \cup (X_3 \cap X_4)$,故系统失效函数可简写为:$F(X)=X_1+X_2+X_3+X_4$

上式表示出了顶端事件即这个系统的故障与其四个基本事件 X_1,X_2,X_3,X_4 之间的逻辑关系。

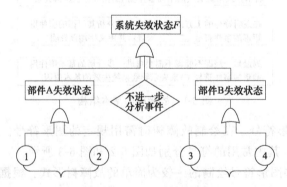

图 6-4 故障树的形式

①,②,③,④—基本事件 X_1,X_2,X_3,X_4

图 6-5 是一个分析轴承事故的故障树列子。图中使用了三角形符号,其作用相当于一个注释符 *,表示事件将由此转向标号相同的此类符号处继续展开。其目的是为了避免画面线太多造成分析上的困难。

以上简介了故障树分析法和故障树的构成,由于篇幅所限,有关故障树的定性和定量分析可参见相关图书。

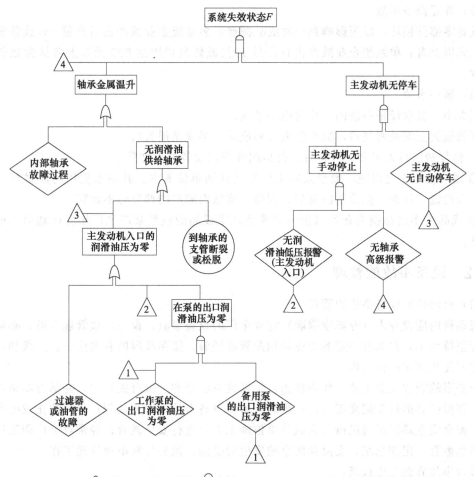

图 6-5　一项轴承故障分析的典型故障数

6.2　设备事故的管理

6.2.1　设备事故的概念

不论是设备自身的老化缺陷，或操作不当等外因，凡造成设备损坏或发生故障后，影响生产或必须修理者均为设备事故。

例如空压机轴有砂眼，在长期交变循环载荷作用下，产生裂缝，导致曲轴断裂，并造成缸体、活塞等零件同时损坏的，属于设备事故；或因操作人员启动空压机时，违反操作规程，不打开空压机出口阀门，以致设备超压造成设备损坏或爆破，也属于设备事故。按有关制度规定，设备事故分为下述三类。

（1）重大设备事故

设备损坏严重，多系统企业影响日产量 25％或修复费用达 4000 元以上者，单系统企业影响日产量 50％或修复费用达 4000 元以上者；或虽未达到上述条件，但性质恶劣，影响大，经本单位群众讨论，领导同意，也可以认为是重大事故。

（2）普通设备事故

设备零部件损坏，以至影响到一种成品减产；多系统企业减产占日产量 5％或修复费用达 800 元以上者；单系统企业减产占日产量 10％或修复费用达 800 元以上者认为是普通设备事故。

（3）微小事故

损失小于普通设备事故的，均为微小事故。

事故损失金额是修复费，减产损失费和成品、半成品损失费。

① 修复费包括人工费、材料费、备品配件费以及各种附件费。

② 减产损失费是以减产数量乘以工厂年度计划单位成本。其中未使用的原材料一律不扣除，以便统一计算；但设备修复后，因能力降低而减产的部分可不计算。

③ 成品或半成品损失费是以损失的成品或半成品的数量乘以工厂年度计划单位成本进行计算。

6.2.2 设备事故的管理

（1）机动科对设备事故的管理

机动科内应设专人（专职或兼职）管理全厂的设备事故。设备事故管理人员，必须责任心强能坚持原则，并具有一定的专业知识及管理经验。按照政府的有关法令、上级和本企业的有关制度和规定进行工作。

设备事故管理人员主要工作内容为：根据政府法令和上级有关规定，并结合本企业具体情况，草拟必要的规章制度或规定；组织或参加设备事故的调查处理；研究防止发生事故的措施；配合安全科组织对机修工人或外单位施工人员进行安全教育；经常对全厂职工进行防止设备的教育；定期总结，交流预防事故发生的措施；做好日常事故管理工作。

日常事故管理工作包括：

① 事故的调查、登记、统计和上报，设备事故情况见表 6-7；

表 6-7 设备事故情况表

主管机关：

企业名称：　　年　　月

设备事故名称	事故发生时间	事故次数								事故损失金额/元		
		其中重大事故	按原因分							产品名称及数量	折合金额	修复费用
			违章作业	维护不周	检修不良	设计制造缺陷	外界原因	其他	合计			
产值/元	本月		事故损失率/%	本月								
	本月累计			本月累计								

企业负责人：　　　　　主管部门负责人：　　　　　填表人：

② 整理和保管事故档案；

③ 进行月、季、年的设备事故分析，研究事故的规律和防止事故发生对策，并采取相应措施。

（2）车间设备事故的管理

车间的设备主任、工艺员、工段长和班组长等，通常是生产第一线有丰富实践经验的组织者和指挥者；同样他们在设备及事故管理方面也负有重要责任。他们应当认真贯彻上级的各项法令、规定、指示及各项制度，并要狠抓落实。要经常对操作工、检修工的实际操作进行指导和监督，特别要及时纠正错误的操作。加强设备检查，发现异常情况要及时解决，把事故消灭在发生之前。

车间设备员是设备事故的具体管理者，很多工作是通过设备员进行的。车间设备员首先应了解本车间设备的结构、原理、性能及生产工艺特点，从而掌握本车间存在哪些不安全因素；对危险性能较大的应及时采取措施予以消除。设备员应对现场操作及检修人员，进行安全监督；此外应参加车间设备事故调查处理，填事故报表并提出防止设备事故的措施。车间设备员参加对设备操作人员、检修人员进行有关安全教育和考试。对于某些工种如司炉工、起重工、吊车工、机动车驾驶员、高压容器焊工，以及在易燃、易爆、高速、高压等设备工作的工种，必须严格执行未经考试合格者不准操作的规定。生产车间应积极参加事故调查。当事故取得正确结论后，应采取措施，防止再次发生类似事故，并把事故的教训广泛宣传，提高安全的自觉性。

（3）设备事故的处理

在设备事故发生后及时保护现场、尽快调查、研究分析、找出事故原因、吸取教训，提出防范措施，并及时提出书面报告，上报主管部门（表 6-8）。并相应做好事故处理和职工教育工作，以求不再发生类似事故。

表 6-8　重大设备事故表

企业名称：

主管机关：　　　　　年　季度

事故发生车间	设备名称及编号	事 故 性 质

事故起止时间　　自 月 日　　共计 日 时 分影响生产时间 月 日 时
　　　　　　至 月 日

事故详细经过及采取措施：

事故原因及责任分析：	事故后修复设备的情况：
事故损失： 1. 直接损失： 产品名称： 数量： 折算金额/万元： 2. 间接损失：	对事故的处理及今后防止事故措施： 事故处理措施实施负责部门(人)： 实施日期：

企业负责人签章：　　主管部门负责人签章：　　　　填表人签章：
　　报出日期：　　　年 月 日

6.2.3　设备事故典型调查程序

（1）迅速进行事故现场调查工作

凡发生重大设备事故后应保护现场。若有伤员则应组织抢救。上级主管部门到现场前，任何人不得改变现场状况。

机动科接到事故报告后，应立即派人前往事故现场，着手进行调查，不能拖延。因为事故现场是分析事故的客观基础，为了掌握事故原因的第一手材料，避免发生错误判断，把本来属于操作不当或工艺不合理等原因造成的事故误认为设备自身出现了事故，所以机动科人员尽快赶到事故现场是非常必要的。这项工作开展越早，可得到原始数据越多，分析事故的根据就越充足，防范措施就可以越准确。

（2）拍照、绘图、记录现场情况

事故，特别是重大事故发生后，事故现场存在许多遗迹。为避免"时过境迁"或因抢修工作需要，现场很快要施工，所以立即将这些遗物、痕迹拍摄成照片，搜集起来是很重要的，以便用这些照片较长时间进行细致的分析研究，以得到正确的结论。特别是在发生设备、压力容器爆炸，吊车、建筑物倒塌等重大事故时，更是必不可少的手段。

若有些情况难以拍摄，则要绘制示意图，并做好化工工艺或设备工艺原始记录的收集工作。例如：流量、压力、流速等各项参数。还要注意各辅助设施，如冷却水、润滑油管路、风机管路等各项工艺状况，供事故分析和建立各档案之用。

（3）成立专门组织，分析调查

按事故严重程度由厂长或车间主任负责组织成立由安全、机动等有关部门参加的事故调查组。若发生事故的同时也发生了人身伤亡或使生产受到重大损失时要由上级局、公司及其他有关部门参加调查组指导事故调查工作。压力容器、锅炉发生爆炸事故时应上报劳动安监部门，并邀请其参加检查组。

调查工作应首先邀请现场操作和其他现场人员如实介绍情况，广泛地向他们了解情况，弄清事故发生前的操作内容、方法等。力求把事故真相搞准确；尤其是设备爆炸，事前可能无特意征兆，当事者又可能已死亡或受伤，如发生这种情况，更应反复详细调查，不可仓促形成结论。

调查的笔录，至少要有两人负责，要经当事人过目并签名。要由主要当事人写出事故发生情况，并存入档案，向主要当事人了解情况时要问清操作方法、操作次序、当时外界条件等情况，同时要本着实事求是的态度，耐心、细致地做好当事人的思想工作，使当事人能反映出真实情况，给分析提供可靠材料。

（4）模拟实验、分析化验

在调查中除了查阅有关技术档案、运行日志外，为弄清事故原因，可以进一步作分析和化验工作，以取得所要求的数据。如润滑油是否变质，亦可分析气体成分、材质强度等。对操作过程是否超温、超压则可作模拟实验，按形成的后果来推算事故发生的情况。

若本企业没有条件，则可委托有关单位做化验分析，并要说明情况，以引起高度重视，认真地做好分析化验工作。

（5）讨论分析、做出结论

在以上各项工作的基础上，调查组进行事实求是的科学分析，从而得出结论，向企业领导人汇报，并以企业名义向上级报告。在分析讨论过程中，如仍有部分人持有异议，则在结论中应将这种不同意见详加说明，并存档备查。

（6）建立事故档案

每次事故发生后，经过调查处理上报，应将每次事故的原始记录及各种调查材料立卷存档，编号后妥善保存。对重大设备事故，更应强调保存一切资料，以备今后调查。

（7）采取对策、防止事故发生

事故的调查，目的不仅是为了调查事故发生的原理，更重要的是据以制定出防止事故发生的措施，限期实施。但是设备事故发生的原因可能不是一个，因此预防措施也可能不是一个，必须一一落实，而其中最主要的措施必须严格实施。

6.2.4 设备事故的处理

设备事故发生后，对事故责任者，在查清原因的基础上，要认真、严肃、实事求是地给予适当地处理，借以教育事故责任者本人和其他职工。各级领导也应从中找出企业管理的不足之处，主动承担领导应承担的责任。

思考题

6-1 按技术性原因，设备故障可分为几类？

6-2 故障树分析法有哪些特点？

第7章 备件管理

7.1 备件管理概述

7.1.1 备件及备件管理

在设备维修工作中，为了恢复设备的性能和精度，需要用新制的或修复的零部件来更换磨损的旧件，通常把这种新制的或修复的零部件称为配件，为了缩短修理停歇时间，减少经济损失，对某些形状复杂、要求高、加工困难、生产（或订购）周期长的配件，在仓库内预先储备一定数量，这种配件称为备品，总称为备品配件，简称备件。

备件管理是指备件的计划、生产、订货、供应、储备的组织与管理，它是设备维修资源管理的主要内容。

备件管理是维修活动的重要组成部分，只有科学合理的储备与供应备件，才能使设备的维修任务完成的既经济又能保证进度，否则，如果备件储备过多，会造成积压，增加库房面积，增加保管费用，影响企业流动资金周转，增加产品成本；储备过少，就会影响备件及时供应，妨碍设备的修理进度，延长停歇时间，使企业的生产活动和经济效益造成损失。因此，做到合理储备，乃是备件管理工作要研究的主要课题。

7.1.2 备件的范围

① 所有的维修用配套产品，如滚动轴承、传动带、链条、继电器、低压电器开关、热元件、皮碗油封等。

② 设备结构中传递主要负荷、负荷较重、结构又较薄弱的零件。

③ 保持设备精度的主要运动件。

④ 特殊、稀有、精密设备的一切更换件。

⑤ 因设备结构不良而产生不正常损坏或经常发生事故的零件。

⑥ 设备或备件本身因受热、受压、受冲击、受摩擦、受交变载荷而易损坏的一切零部件。

库存备件应与设备、低值易耗品、材料、工具等区分开来，但是少数物资也难于准确划分，各企业的划分范围也不同，只能在方便管理和领用的前提下，根据企业的实际情况确定。

7.1.3　备件的分类

备件的分类方法很多，下面主要介绍五种常用的分类方法。

（1）按备件的精度和制造工艺的复杂程度分类

① 关键件，通常是指原机械部规定的 7 类关键件，即精密主轴（或镗杆、钻杆，镜面轴）、螺旋锥齿轮、Ⅰ级精度（近似新 6 级精度）以上的齿轮、丝杠、精密蜗轮副、精密内圆磨具、2m 或 2m 以上的长丝杠等。

② 一般件，除上述七类关键件以外的其他机械备件。

（2）按备件传递的能量分类

① 机械备件，通常指在设备中通过机械传动传递能量的备件。

② 电气配件，通常指在设备中通过电气传递能量的备件，如电动机、电器、电子元件的。

（3）按备件的来源分类

① 自制备件，通常指企业自行加工制造的专用零件。

② 外购备件，通常指设备制造厂生产的标准产品零件，这些产品均有国家标准或有具体的型号规格，有广泛的通用性。这些备件通常由设备制造厂和专门的备件制造厂生产和供应。

（4）按备件的制造材料分

① 金属件，通常只用黑色和有色金属材料制造的备件。

② 非金属件，通常只用非金属材料制造的备件。

（5）按零件使用特性（或在库存时间）分类

① 常备件，指使用频率高的、设备停机损失大的、单价比较便宜的需经常保持一定储备量的零件，如易损件、消耗量大的配套零件、关键设备的保险储备件等。

② 非常备件，指使用频率低、停机损失小和单价昂贵的零件。

7.1.4　备件管理的目标和任务

（1）备件管理的目标

备件管理的目标是在保障提供设备维修需要的备件，提高设备的使用可靠性、维修性和经济性的前提下，尽量减少备件资金，也就是要求做到以下四点：

① 把设备计划修理的停歇时间和修理费用减少到最低程度；

② 把备件突发故障所造成的生产停工损失，减少到最低程度；

③ 把备件储备压缩到合理供应的最低水平；

④ 把备件的采购、制造和保管费用压缩到最低水平。

（2）备件管理的主要任务

① 及时供应维修人员所需的合格备件。为此，必须建立相应的备件管理机构和必要的设施，科学合理地确定备件的储备形式、品种和定额，做好保管供应工作。

② 重点做好关键设备的备件供应工作，保障其正常运行，尽量减少停机损失。

③ 做好备件使用情况的信息收集和反馈工作。备件管理人员和维修人员要经常收集备件使用中的质量、经济信息，及时反馈给备件技术人员，以便改进备件的使用性能。

④ 在保证备件供应的前提下，尽量减少备件的储备资金。影响备件管理成本的因素有：

备件资金占有率、库房占有面积、管理人员数量、备件制造采购质量和价格、库存损失等，因此，应努力做好备件的计划、生产、采购、供应、保管等工作，压缩储备资金，降低备件管理成本。

7.1.5 备件管理的工作内容

备件所涉及的范围广、品种多，制造、供应以及使用的周期差别大。所以备件管理工作是以技术管理为基础，以经济效果为目标的管理，其内容按性质可划分如下。

① 备件的技术管理内容包括：对备件图样的收集、积累、测绘、整理、复制、核对，备件图册的编制；各类备件统计卡片和储备定额等技术资料的设计、编制及备件卡的编制工作。

② 备件的计划管理是指由提出外购、外协计划和自制计划开始，直至入库为止这一段时间的工作内容，可分为：a. 年、季、月度自制备件计划；b. 外购备件的年度及分批计划；c. 铸、锻毛坯件的需要量申请、制造计划；d. 备件零星采购和加工计划；e. 备件的修复计划。

③ 备件的库存控制包括库存量的研究与控制；最小储备量、订货点以及最大储备量的确定等。

④ 备件的经济管理内容有：备件库存资金的核定、出入账目管理、备件成本的审定、备件的耗用量、资金定额及周转率的统计分析和控制、备件消耗统计、备件各项经济指标的统计分析等。

⑤ 备件库房管理是指备件入库到发出这一阶段的库存管理工作。包括备件入库时的检查、清洗、涂油防锈、包装、登记入账、上架存放；备件的收、发，库房的清洁与安全；备件质量信息的收集等。备件管理工作流程如图 7-1 所示。

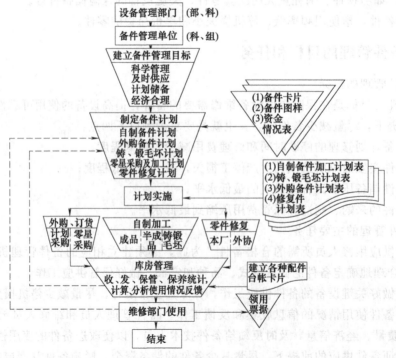

图 7-1　备件管理工作流程

7.2 备件的技术管理

　　备件的技术管理工作应主要由备件技术人员来做，其工作内容为编制、积累备件管理的基础资料。通过这些资料的积累、补充和完善，掌握备件的需求，预测备件的消耗量，确定比较合理的备件储存定额、储备形式，为备件的生产、采购、库存提供科学合理的依据。

　　本节主要讲解备件的储备原则、储备形式、储备定额等内容。

7.2.1 备件的储备原则

　　① 使用期限不超过设备修理间隔期的全部易损零件。

　　② 使用期限大于修理间隔期，但同类型设备多的零件。

　　③ 生产周期长的大型、复杂的锻、铸零件（如带花键孔的齿轮、锤杆、锤头等）。

　　④ 需外厂协作制造的零件和需外购的标准件（如 V 带、链条、滚动轴承、电器元件以及需向外订货的配件、成品件等）。

　　⑤ 重、专、精、动设备和关键设备的重要配件。

7.2.2 备件的储备形式

　　备件的储备形式通常从下述三个角度分类。

　　(1) 按备件的管理体制分类

　　可分为集中储备和分散储备两种形式。

　　集中储备是按行业或地区组建备件总库，对于本行业和本地区各企业的通用备件，集中统一有计划地进行储备，其优点是可以大幅度加快备件储备资金的周转，降低备件储备所占用的资金。但如果组织管理不善，可能出现不能及时有效地提供企业所需的备件，影响生产。

　　分散储备是各企业根据设备磨损情况和维修需要，分别各自设立备件库，自行组织备件储备。

　　(2) 按备件的作用分类

　　可分为经常储备、保险储备和特准储备三种形式。

　　经常储备，又称周转储备。它是为保证企业设备日常维护而建立的备件储备，是为满足前后两批备件进厂间隔期内的维修需要的。设备的经常储备是流动、变化的，经常从最大储备量逐渐降低到最小储备量，是企业备件储备中的可变部分。

　　保险储备（又称安全裕量）是为了在备件供应过程中，防止因发生运输延误、交货拖欠、或收不到合格备件需要退换，以及维修需要用量猛增等情况，致使企业经常储备中断、生产陷于停动，从而建立的可供若干天维修需要的备件储备。它在正常情况下不动用，是企业备件储备中的不变部分。

　　特准储备，它是指在某一计划期内超过正常维修需要的某些特殊、专用、稀有精密备件以及一些重大科研、试验项目需用的备件，经上级批准后建立的储备。

　　(3) 按备件的储备形态分类

　　① 成品储备　在设备的任何一种修理类别中，有绝大一部分备件要保持原有的精度和尺度，在安装时不需要再进行任何加工的零件，可采用成品储备的形式进行储备。

② 半成品储备 有些零件须留有一定的修配余量，以便在设备修理时进行修配或作尺寸链的补偿。对这些零件来说，可采用半成品储备的形式进行储备。

③ 毛坯储备 对某些机加工工作量不大的以及难以决定加工尺寸的铸锻件和特殊材料的零件，可采用毛坯储备的形式进行储备。

④ 成对（成套）储备 为了保证备件的传动精度和配合精度，有些备件必须成对（成套）制造和成对（成套）使用，对这些零件来说，宜采用成对（成套）储备的形式进行储备。

⑤ 部件储备 对于生产线（流水线、自动线）上的关键设备的主要部件，或制造工艺复杂、精度要求高、修理时间长、设备停机修理综合损失大的部件，以及拥有量很多的通用标准部件，可采用部件储备的形式进行储备。

7.2.3 备件的储备定额

（1）备件储备定额的构成

备件的储备量随时间的变化规律，可用图 7-2 描述。当时间为 0 时，储备量为 Q，随着时间的推移，备件陆续被领用，储备量逐渐递减；当储备量递减至订货点 Q_d 时，采购人员以 Q_p 批量去订购备件，并要求在 T 时间段内到货；当储备量降至 Q_{min} 时，新订购的备件入库，备件储存量增至 Q_{max}，从而走完一个"波浪"。因此，备件储备定额包括：最大储备量 Q_{max}、最小储备量 Q_{min}、每次订货的经济批量 Q_p、订货点 Q_d。

因为备件储备量的实际变化情况不会像图 7-2 那样有规律（如图 7-3 所示），所以必须有一个最小储备量，以供不测之需。最小储备量定得越高，发生缺货的可能性越小，反之，发生缺货的可能性越大。因此，最小储备量实际上是保险储备。

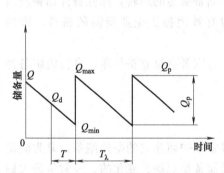

图 7-2 通常情况下备件储备量变化规律

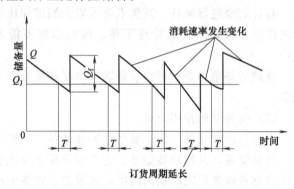

图 7-3 实际备件储备量变化情况

最小储备量在正常情况下是闲置的，企业还要为它付出储备流动资金及持有费用。但又不能盲目降低最小储备量，否则可能发生备件缺货。怎样才能降低最小储备量？这取决于对未来备件消耗量作出准确的预测。

（2）预测备件消耗量

已知某备件的消耗量如表 7-1 所示。

表 7-1 备件消耗量表

时间	第 1 天	第 2 天	第 3 天	⋯	第 n 天	$n+1$ 天	$n+2$ 天	⋯	$t-2$	$t-1$	第 t 天
消耗量	N_1	N_2	N_3	⋯	N_n	N_{n+1}	N_{n+2}	⋯	N_{t-2}	N_{t-1}	N_t

由于备件每天的消耗量具有偶然性，导致统计数据随机波动，采用移动平均法消除数据随机波动的影响，移动期数为 n。n 的大小要合理选择，n 越大，消除随机波动的效果越好，但对数据最新变化的反映就越迟钝。为简化预测公式，推荐 n 取订货周期 T 的整倍数，在此取 $n=T$。

第 n 天的备件消耗量移动平均值，$M_n=(N_1+N_2+N_3+\cdots+N_n)/n$；第 $n+1$ 天的备件消耗量移动平均值，$M_{n+1}=(nM_n+N_{n+1}-N_1)/n$；第 $n+2$ 天的备件消耗量移动平均值，$M_{n+2}=(nM_{n+1}+N_{n+2}-N_2)/n$，以此类推，第 t 天的备件消耗量移动平均值

$$M_t=(nM_{t-1}+N_t-N_{t-n})/n \tag{7-1}$$

式 (7-1) 还可写成

$$M_t-M_{t-1}=(N_t-N_{t-n})/n \tag{7-2}$$

或者

$$M_t-M_{t-1}=(N_t-N_{t-n})/T \tag{7-3}$$

将备件消耗量移动平均值与时间的关系绘成二维曲线图（见图 7-4 中的实线部分）。从图 7-4 中，我们可以找出备件消耗的变化规律，从而预测备件消耗趋势。

假设备件用到第 t 天就要订购新备件。此时备件的储备量称订货点 Q_d，它要足够用到新备件进库，即 Q_d 要大于在订货周期 T 内备件的消耗量 N_H。N_H 就是所要预测的。

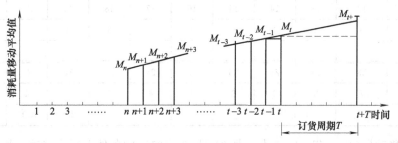

图 7-4　备件消耗量移动平均值变化规律图

再假设未来的备件消耗量移动平均线是以往消耗量移动平均线的自然延伸，见图 7-4 中的虚线部分。对虚线部分进行数学分析，得 N_H 的近似值

$$N_H=TM_t+T(1+T)(M_t-M_{t-1})/2 \tag{7-4}$$

将式 (7-3) 代入式 (7-4) 得

$$N_H=TM_t+(1+T)(N_t-N_{t-1})/2 \tag{7-5}$$

式 (7-5) 就是在订货周期内备件消耗量的预测公式，适用于对生产比较均衡的设备的备件进行预测。

（3）备件储备定额的确定

确定备件订货点应以订货周期内备件消耗量预测值为依据，要求订货点储备量必须足够用到新备件进库，即订货点 Q_d 大于订货周期内备件消耗量 N_H。

备件订货点

$$Q_d=KN_H \tag{7-6}$$

式中　K——保险系数，一般取 $K=1.5\sim2$；

　　　N_H——订货周期内备件消耗量预测值。

备件的最小储备量

$$Q_{min}=(K-1)N_H \tag{7-7}$$

备件订货的经济批量：

$$Q_p = \sqrt{2NF/IC} \tag{7-8}$$

式中 N——备件的年度消耗量；

F——每次订货的订购费用；

I——年度的持有费率（以库存备件金额的百分率来表示）；

C——备件的单价。

备件的最大储备量：

$$Q_{max} = Q_{min} + Q_p \tag{7-9}$$

例7-1 某厂有2台啤酒装箱机和2台卸箱机，它们都使用同一种备件——夹瓶罩（橡胶制品）。夹瓶罩的单价为1元，年持有费率为20%，2015年年消耗量为522件，2016年7月份的日消耗量如表7-2所示，夹瓶罩用到7月31日就要订货，订货周期为30天，每次订购费为20元。试预测夹瓶罩在订货周期内的耗量，并计算夹瓶罩的储备定额。

表7-2 夹瓶罩7月份日消耗量

日期	7月1日	2	3	4	5	6	7	8	9	10	11
消耗量	3	3	3	4	4	5	3	4	4	4	5
移动平均值											
日期	12	13	14	15	16	17	18	19	20	21	22
消耗量	5	2	4	4	4	6	3	4	4	3	2
移动平均值											
日期	23	24	25	26	27	28	29	30	31		
消耗量	7	5	3	3	4	4	4	3	4		
移动平均值								2.9	2.97		

解： 取移动期数 $n = T = 30$，求7月31日（$t = 31$）的备件消耗量移动平均值

$$M_{31} = 2.97 \text{件}$$

订货周期30天内备件消耗量的预测值

$N_H = TM_t + (1+T)(N_t - N_{t-1})/2 = [30 \times 2.97 + (1+30)(4-3)/2]$件 ≈ 105 件

备件订货点

$$Q_d = KN_H = 1.7 \times 105 \text{件} \approx 179 \text{件}(K \text{ 取 } 1.7)$$

最小储备量

$$Q_{min} = (K-1)N_H = (1.7-1) \times 105 \text{件} \approx 74 \text{件}$$

备件订货的经济批量

$$Q_p = \sqrt{2NF/IC} = \sqrt{2 \times 522 \times 20/(0.2 \times 1)} \text{件} = 323 \text{件}$$

最大储备量

$$Q_{max} = Q_{min} + Q_p = (74 + 323) \text{件} = 397 \text{件}$$

7.3 备件的计划管理

7.3.1 备件计划的分类

（1）按备件的来源分类

一般可分为以下两类：①自制备件生产计划，包括产品、半成品计划，铸锻件毛坯计划、修复件计划等；②外购备件采购计划，其中也可分为国内备件采购计划与国外备件采购计划两部分。

（2）按备件的计划时间分类

可分为年度备件生产计划、季度备件生产计划和月度备件生产计划。

7.3.2 编制备件计划的依据

① 年度设备修理需要的零件 以年度设备修理计划和修前编制的更换件明细表为依据，由承维修部门提前 3～6 个月提出申请计划。

② 各类零件统计汇总表。包括：a. 备件库存量；b. 库存备件领用、入库动态表；c. 备件最低储备量的补缺件。由备件库根据现有的储备量及储备定额，按规定时间及时申报。

③ 定期维护和日常维护用备件 由车间设备员根据设备运转和备件状况，提前三个月提出制造计划。

④ 本企业的年度生产计划及机修车间、备件生产车间的生产能力、材料供应等情况分析。

⑤ 本企业备件历史消耗记录和设备开动率。

⑥ 临时补缺件设备在大修、项修及定期维护时，临时发现需要更换的零件，以及已制成和购置的零件不适用或损坏的急件。

⑦ 本地区备件生产、协作供应情况。

7.3.3 备件生产的组织程序

① 备件管理员根据年、季、月度备件生产计划与备件技术员进行备件图样、材料、毛坯及有关资料的准备。

② 备件技术员（或设计组）根据已有的备件图册提供备件生产图样（如没有备件图册应及时测绘制图，审核归入备件图册），并编制出加工工艺卡片一式两份，一份交备件管理员，一份留存。工艺卡中应规定零件的生产工艺、工艺要求、工时定额等。

③ 备件管理员接工艺卡后，将图样、工艺卡、材料领用单交机修车间调度员，便于及时组织生产。

④ 对于本单位无能力加工的工序，由备件外协员迅速落实外协加工。

⑤ 各道工序加工完毕后，经检验员和备件技术员共同验收，合格后开备件入库单并送交备件库。

7.3.4 外购件的订购形式

凡制造厂可供应的备件或由专业生产厂生产的备件，一般都应申请外购或定货。根据物资的供应情况，外购件的申请订购一般可分为集中订货、就地供应、直接订货三种形式。

① 集中订货 对国家统配物资，各厂应根据备件申请计划，按规定的订货时间，参加订货会议。在签订的合同上要详细注明主机型号、出厂日期、出厂编号、备件名称、备件件号、备件订货量、备件质量要求和交货日期等。

② 就地供应 一些通用件大部分由企业根据备件计划在市场上或通过机电公司进行采购。但应随时了解市场供应动态，以免发生由于这类备件供应不及时而影响生产正常进行的

现象。

③ 直接订货　对于一些专业性较强的备件和不参加集中订货会议的备件，可直接与生产厂家联系，函购或上门订货，其订货手续与集中订货相同。对于一些周期性生产的备件、以销定产的专机备件和主机厂已定为淘汰机型的精密关键件，应特别注意及时订购，避免疏忽漏报。

7.4　备件的库存管理　▶▶

7.4.1　备件库的建立

为适应备件管理工作的要求，应根据生产设备的原值建立备件库。一般要求生产设备原值在 100 万以上（不含 100 万）企业，应单独建立备件库，在设备管理部门领导下做好对备件的储存、保管、领用等工作。对生产设备原值在 100 万以下的单位，可不单独建立备件库，由厂仓库兼管，但备件的存放、账卡必须分开，同时应按期将各类备件的储备量、领用数上报设备管理部门。

7.4.2　备件库的管理

（1）对备件库的要求

① 备件库应符合一般仓库的技术要求，做到干燥、通风、明亮、无尘、无腐蚀气体，有防汛、防火、防盗设施等。

② 备件库的面积，应根据各企业对备件范围的划分和管理形式自定，一般按每个设备修理复杂系数 $0.01\sim0.04m^2$ 范围参考选择。

③ 备件库除配备办公桌、资料柜、货架、吊架外，还应配备简单的检验工具、拆箱工具、去污防锈材料和涂油设施、手推车等运输工具。

（2）备件的分级管理

根据企业的大小和备件的特性，备件可集中管理，也可分级管理。分级管理的范围和方法，应根据实际情况，本着便于领用和资金核算的原则，由备件管理员与车间机械员商量，制定两级管理的方法、储备品种、领用手续等细则，报设备科长批准执行。但无论是集中管理还是分级管理，都必须由设备管理员负责，以便合理储备、保管，避免积压，加速资金周转。

（3）备件入库和保管

① 有申请计划并已被列入备件生产计划的备件方能入库。计划外的零件须经设备科长和备件管理员批准方能入库。

② 自制备件必须有检验员按图样规定的技术要求检验合格后填写入库单入库。外购件必须附有合格证并经入库前复验，填写入库单后入库。

③ 备件入库后应登记入账，涂油防锈，挂上标签，并按设备属性、型号、分类存放，以便于查找。

④ 入库备件必须保管好，维护好，入库的备件应根据备件的特点进行存放，对细长轴类备件应垂直悬挂，一般备件也不要堆放过高，以免零件压裂或产生磕碰、变形等。

⑤ 备件管理工作要做到三清（规格、数量、材质）两整齐（库存、码放）、三一致

（账、卡、物）、四定位（区、架、层、号），定期盘点（每年盘点一到两次），定期清洗维护好。做好梅雨季节的防潮工作，防止被强锈蚀。

（4）备件的领用

① 备件领用一律实行以旧换新，由领用人填写领用单，注明用途、名称、数量，以便对维修费用进行统计核算，按各厂规定执行领用的审批手续。

② 对大、中修中需要预先领用的备件，应根据批准的备件更换清单领用，在大、中修结束时一次性结算，并将所有旧料如数交库。

③ 支援外厂的备件需经过设备科长批准后方可办理出库手续。

（5）备件的处理

备件管理员应经常了解备件情况，凡符合下面条件之一的备件，应及时准予处理，办理注销手续：

① 设备已报废，厂内已无同类型的设备；

② 设备已改造，剩余备件无法利用；

③ 设备已调拨，而备件未随机调拨，本场又无同型号设备；

④ 由于制造质量和保障不完善而无法使用，且无修复价值（经备件管理员组织有关技术人员鉴定），报告有关部门批准，但同时还必须制定出防范措施，以防类似事件的重复发生。

对于前三种原因需处理的备件，应尽量调剂，回收资金。

7.5　备件的经济管理

备件的经济管理工作，主要是备件库存资金的核定、出入库账目的管理、备件成本的审定、备件消耗统计、备件各项经济指标的统计分析等。经济管理贯穿于设备备件管理工作的全过程。

7.5.1　备件资金的来源和占用范围

备件资金来源与企业的流动资金，各企业按照一定的核算方法确定，并有规定的储备资金限额。因此，备件的储备资金只能由属于备件范围内的物资占用。

7.5.2　备件资金的核算方法

备件的储备资金的核定，原则上应与企业的规模、生产实际情况相联系。影响备件储备资金的规定因素较多，目前还没有一个合理、通用的核定方法，因而缺乏可比性。核定企业备件储备资金定额的方法一般有以下几种。

① 按备件卡上规定的储备资金定额核算。这种方法的合理程度取决于备件的准确性和科学性，缺乏企业间的可比性。

② 按照设备原购置总值的 2%～3%估算。这种方法只要知道设备固定资产原值就可算出备件储备资金，计算简单，也便于企业间比较，但核定的资金指标偏于笼统，与企业设备运转中的情况联系较差。

③ 按照典型设备推算确定。这种方法计算简单，但准确性差，设备和备件储备品种较少的小型企业可采用这种方法，并在实践中逐步修订完善。

④ 根据上年度的备件储备金额，结合上年度的备件消耗金额及本年度的设备维修计划，企业自己确定本年度的储备资金定额。

⑤ 用本年度的备件消耗金额乘预计资金周转期，加以适当修正后确定下年度的备件储备金额。

7.5.3　备件经济管理考核指标

（1）备件储备资金定额

它是企业财务部门对设备管理部门规定的备件库存资金限额。

（2）备件资金周转期

在企业中，减少备件资金的占用和加速周转具有很大的经济效益，也是反映企业备件管理水平的重要经济指标，其计算方法为

$$资金周转期（年）=\frac{年平均库存金额}{年消耗金额}$$

备件资金周转期一般为一年半左右，应不断压缩，若周转期过长造成占用资金过多，企业就应对备件卡上的储备品种和数量进行分析、修正。

（3）备件库存资金周转率

它是用来衡量库存备件占用的资金比率，实际上满足设备维修需要的效率。其计算公式为

$$库存资金周转率=\frac{年备件消耗总额}{年平均库存金额}\times100\%$$

（4）资金占用率

它用来衡量备件储备占用资金的合理程度，以便控制备件储备的资金占用量。其计算公式为

$$资金占用率=\frac{备件储备资金总额}{设备原购置总值}\times100\%$$

（5）资金周转加速率

$$资金周转加速率=\frac{上期资金周转率-本期资金周转率}{上期资金周转率}\times100\%$$

为了反映考核年度备件技术经济指标的动态变化，备件库存每个备件都应填报年度备件库主要技术经济指标动态表（表7-3）。

表 7-3　年度备件库主要技术经济指标动态表

年份项目	年初库存	收入				发出				期末库存	全年消耗量	周转率	周加速转率
		外购	自制	其他	合计	领用	外拨	其他	合计				

7.6　备件管理的现代化

7.6.1　ABC 管理法在备件管理中的应用

备件的 ABC 管理法，是物资管理中 ABC 分类控制在备件管理中的应用。它是根据备件

的品种规格，占用资金和各类备件库存时间、价格差异等因素，采用必要的分类原则而实行的库存管理办法。

① A 类备件。其在企业的全部备件中品种少，占全部品种的 10％～15％，但占用的资金数额大，一般占用备件全部资金的 80％左右。对于 A 类备件必须严加控制，利用储备理论确定适当的储备量，尽量缩短订货周期，增加采购次数，以加速备件储备资金的周转。

② B 类备件。其品种比 A 类备件多，占全部品种的 20％～30％，占用的资金比 A 类少，一般占用备件全部资金 15％左右。对 B 类备件的储备可适当控制，根据维修的需要，可适当延长订货周期、减少采购次数，做到两者兼顾。

③ C 类备件。其品种很多，占全部品种的 60％～65％，但占用的资金很少，一般仅占备件全部资金的 5％左右。对 C 类备件，根据维修的需要，储备量可大一些，订货周期可长一些。

究竟什么备件储备多少，科学的方法是按储备理论进行定量计算。以上 ABC 分类法，仅作为一种备件的分类方法，以确定备件管理重点。在通常情况下，应把主要工作放到 A 类和 B 类备件的管理上。

7.6.2　计算机备件管理信息系统

用计算机进行备件管理，不仅可建立企业备件总台账，从而减轻日常记录、统计、报表的工作量，更重要的是可以随时查询并及时提供储备量和资金变动等信息，为备件计划管理、技术管理和经济管理提供可靠的依据，在保证供应的前提下实现备件的经济合理储备。

（1）建立计算机备件管理系统应注意的问题

① 在系统设计时，必须站在设备综合管理的高度，将备件管理信息系统视为设备综合管理信息系统的子系统之一，应考虑与设备资产管理、故障管理、维修管理信息系统的协调，具体程序中名称符号的统一，数据共享等因素。

② 应着眼于备件动态管理，备件明细表中所列项目应全面考虑动态管理的需要。如 ABC 分类法的应用、备件管理使用规律、经济合理的备件储备量研究、缩短备件资金周转的途径等。

（2）建立计算机辅助备件管理信息系统的准备工作

① 加强备件管理基础工作，建立备件"五定"管理（"五定"的内容为：a. 定储备品种和储备性质；b. 定货源和订货周期；c. 定最大、最小储备量；d. 定订货点和订货量；e. 定储备资金限额和平均周转期）、四号定位、五五码放等，健全并编制备件管理各种统计报表、卡片、单据等，以便科学、准确、全面地收集各种信息数据并输入计算机。

② 对所有备件进行编号，每种备件都有两个编号：流水编号和计算机识别号。备件的流水编号按备件入账先后顺序进行编号，每种备件的流水编号是唯一的。一个流水编号代表一种备件。

备件的计算机识别号中含有"使用部门信息"、"所属设备信息"、"备件图号或序号信息"等，供计算机对备件进行统计、分类、汇总、排序使用。

③ 在领料单据中增加一项备件流水编号，供领用时填写。

（3）计算机辅助备件管理的主要功能

① 备件管理信息的计算机查询、输出。

② 调用备件管理数据库的数据，打印下列报表：a. 备件库存总台账；b. 备件进、出库

台账；c. 备件标签；d. 按设备顺序编制的《备件名称与流水编号对照表》，供维修人员、备件管理员、备件库保管员使用，以便备件的识别、自制、订购、管理、领用；e. 给财务部门的经济指标报表；f. 季度分类统计报表；g. 备件计划月报表；h. 备件加工计划月报表；i. 备件采购计划月报表；j. 备件库存月报表。这些报表由于全部调用备件管理数据库的数据打印，杜绝人工抄写产生的数据错误，实现账、签、物统一。

③ 计算机辅助备件管理还能计算下列内容；a. 旧账结算清理；b. 计算消耗金额；c. 计算平均储备金额；d. 计算储备金额周转期。

思考题

7-1　备件及备件管理的含义是什么？

7-2　备件管理的目标和任务是什么？

7-3　备件的范围是什么？

第8章 设备的更新和改造

对现有企业进行设备更新和技术改造，是提高企业生产经济效益，逐步实现现代化的重要途径，是国家经济建设的主要方针之一，现行企业中，随着技术的发展，产品有些属于长线，有些属于短线；有些技术比较先进，有许多则相当落后，经济效益较差。

设备的性能直接影响产品的数量、质量和成本。因此，设备的更新是企业进行技术改造的重要内容，是企业取得较好技术经济效果的重要手段。

8.1 设备的更新和改造

8.1.1 设备的更新和改造的概念

随着设备在生产中使用年限的延长，设备的有形磨损和无形磨损日益加剧，故障率增加，可靠性相对降低，导致使用费上升，其主要表现为，设备大修理间隔期逐渐缩短，使用费用不断增加，设备性能和生产率降低，当设备使用到一定时间以后，继续进行大修理已无法补偿其有形磨损和全部无形磨损；虽然经过修理仍能维持运行，但很不经济。解决这个问题的途径是进行设备的更新和改造。

从广义上讲，补偿因综合磨损而消耗掉的机械设备，就叫设备更新，它包括总体更新和局部更新，即包括：设备大修理、设备更新和设备现代化改造。从狭义上讲，是以结构更加先进、技术更加完善、生产效率更高的新设备去代替物理上不能继续使用，或经济上不宜继续使用的设备，同时旧设备又必须退出原生产领域。

根据目的不同，设备更新分为两种类型：一种是原型更新，即简单更新，也就是用结构相同的新设备来更换已有的严重性磨损而物理上不能继续使用的旧机器设备，主要解决设备损坏问题；另一种更新则是以结构更先进、技术更完善、效率更高、性能更好、耗费能源和原材料更少的新型设备，来代替那些技术陈旧，不宜继续使用的设备。如沈阳水泵厂研制生产出一批节电水泵，供大庆油田更新陈旧的 200 台注水泵，运行一年可节电 3.6 亿度；而更新这些水泵的费用只需 1300 万元。说明搞好设备更新，可以为国家增加更多的财政收入，促进经济的发展。

设备的现代化技术改造是指为了提高企业的经济效益，通过采用国内外先进的、适合我国情况的技术成果，改变现有设备的性能、结构、工作原理，以提高设备的技术性能或改善其安全、环保特性，使之达到或局部达到先进水平所采取的重大技术措施。对现有企业的技术改造，包括对工艺生产技术和装备改造两部分内容，而工艺生产技术改造的绝大部分内容还是设备，所以设备工作者要重视技术改造。技术改造包括设备革新和设备改造的全部内容，不过范围更广泛，可以是一台设备的技术改造，也可以是一个工序、一个车间，甚至一个生产系统。例如，某化工厂的心脏设备——电解槽，经过 6 次改造，现在 1 台电解槽，可抵原来的 150～200 台的生产能力。又如某化工厂将生产聚氯乙烯的聚合釜由原来的 9m³ 小釜改成 30m³ 大釜，这是属于一种设备的技术改造。又如某化肥厂通过革新、改造，化肥产量逐年增加，年全员劳动率增长数十倍，上缴利税为总投资的十多倍，这应该归功于一个企业的技术改造。

8.1.2　设备的更新和改造的必要性

① 设备更新改造是促进科学技术和生产发展的重要因素。设备是工业生产的物质基础，落后的技术装备限制了科学和生产的高速发展。科学技术的进步促使生产设备不断改进和提高，生产设备是科学技术发展的结晶。随着科学技术的迅速发展，新技术、新材料、新工艺、新设备不断涌现，沿用陈旧工艺的老设备在产品质量、数量等方面已缺乏竞争能力。因此要依靠更新设备来实现高产、优质、低成本，取得较好的经济效益。

② 设备更新改造是产品更新换代、提高劳动生产率，获得最佳经济效益的有效途径。设备更新改造，技术水平提高以后，可使生产率和产品质量大幅度提高，并使产品成本和工人劳动强度降低。同时为适应新产品高性能的要求，必须采用高性能的设备。

③ 设备更新改造是扩大再生产，节约能源的根本措施。中国能源有效利用率比先进国家低 20% 左右。设备热效率低、能耗高，更新设备可以显著地节约能源。可见改变落后的技术装备是提高能源利用率的最根本措施。同时为满足市场日益增长的需要，必须采用更为先进的高效率、大容量、高精度设备，提高产品产量、质量和降低成本。

④ 设备更新改造是搞好环境保护及改善劳动条件的主要方法。生产中常见的跑、冒、漏、噪声、排放物等会对环境造成污染，使工人劳动强度加大，劳动条件恶劣。所以大多数这方面的问题可通过改造或更新设备得到解决。

8.2　设备的折旧与选择

8.2.1　折旧的定义和计算方法

折旧是指固定资产由于损耗而转移到产品中去的那部分以货币形式表现的价值。

固定资产的折旧分为"基本折旧"和"大修折旧"两类。基本折旧用于固定资产的更新重置，也就是对固定资产实行全部补偿。大修折旧用于固定资产物质损耗的局部补偿，以便维持其使用期间的生产能力。

按年分摊固定资产价值的比率，称为固定资产的年折旧率。折旧率的大小与设备的价值、大修费用、现代化改造费用、残值和预计使用的年限等因素有关。目前化工企业的折旧率高低不等，但总的看是偏低。有的企业按基本折旧率和大修折旧率分别提取；有的企业按一定折旧率一起提取，再按一定比例分成基本折旧基金和大修理基金分别使用。此外国家还规定基本折旧基金按一定比例上交主管部门。

折旧率的计算方法较多，下面就介绍几种。

(1) 直线折旧法

目前使用最广泛的是直线折旧法，这种方法是在设备使用年限内，平均的分摊设备的价值，计算公式为：

对于设备基本折旧率

$$\alpha_b = \frac{K_0 - L}{TK_t} \times 100\%$$ (8-1)

对于设备大修折旧率

$$\alpha_r = \frac{K_r}{TK_t} \times 100\%$$ (8-2)

式中　K_0——设备的原始价值；

　　　K_t——设备的重置价值；

　　　L——预计的设备减值；

　　　T——设备的最佳使用年限；

　　　K_r——在 T 时间内大修理费用总额。

我国的设备基本折旧率和大修折旧率就是用上述方法计算的。但其中有两个重要参数的取值以上是不同：一是设备使用年限不是按照最佳期确定的，而是普遍的延长设备使用年限；二是设备价值不是采用重置价值，而是采用原始价值，故基本折旧率 α'_b 和大修理折旧率 α'_r 分别为

$$\alpha'_b = \frac{K_0 - L}{T_n K_0} \times 100\%$$ (8-3)

$$\alpha'_r = \frac{K_r}{T_n K_0} \times 100\%$$ (8-4)

式中　T_n——延长的设备使用年限，有的已接近设备的自然寿命。

此外，在规定的统一折旧率的基础上，还应该针对不同行业、不同种类的固定资产设备规定不同的折旧率。

(2) 加速折旧法

采用加速折旧法的理由是设备在使用过程中，其效果是变化的。在使用期限的前几年，由于设备处于较新状态，效率较高，为企业可创造较大的经济效益。而后几年，特别是接近更新期时，效能较低，为企业创造的经济效益较少。因此，前几年分摊的折旧费应当比后几年要高些。

① 年限总额法　这种方法是根据折旧总额乘以递减系数 A，来确定设备在最佳使用年限 T 内某一年度（第 t 年）的折旧额 B_t，即

$$B_t = A(K_t - L)$$ (8-5)

$$A = \frac{(T+1) - n}{\dfrac{(T+1)T}{2}}$$

式中　n——第 n 年。

上式递减系数的分母值为

$$1 + 2 + 3 + \cdots + T = \frac{(T+1)T}{2}$$ (8-6)

下面举例说明具体的计算方法。

例 8-1 一台设备的价值为 7400 元，预测残值为 200 元，最佳试用期为 8 年。试求在试用期内各年的折旧额。

解：先求递减系数 A，其分母为

$$\frac{(T+1)T}{2} = \frac{9 \times 8}{2} = 36$$

则第一年的 $A_1 = \frac{8}{36}$，第 2 年 $A_2 = \frac{7}{36}$，…，第 8 年 $A_8 = \frac{1}{36}$，代入式（8-5）得第 1 年的折旧额 $B_1 = \frac{8}{36}(7400 - 200) = 1600$ 元。

设备的各年折旧额如表 8-1 所示。

② 双倍余额递减法 这种方法的折旧率是按直线折旧法残值为零时的折旧率的两倍计算的。逐年的折旧基数按设备的价值减去累计折旧额计算。为使折旧总数分摊完，所以到一定的年度之后，要改用直线折旧法。改用直线折旧法的年限视设备最佳年限而定，当残值为零，设备最佳使用年限为奇数时改用直线法的年限是 $\left(\frac{T}{2}\right) + 1\frac{1}{2}$；当最佳使用年限为偶数时，改用直接法的年限是 $\left(\frac{T}{2}\right) + 2$。

表 8-1　按年限总额法计算的折旧额

年度	递减系数	折旧额/元
1	8/36	1600
2	7/36	1400
3	6/36	1200
4	5/36	1000
5	4/36	800
6	3/36	600
7	2/36	400
8	1/36	200
合计	36/36	7200

注：折旧额平均每年递减 200 元。

例 8-2 某设备的价值为 8000 元，最佳使用年限为 10 年，残值为零，折旧率按直线法的两倍余额递减，试求各年的折旧费。

解：折旧率为直线法的两倍，即 $\alpha = 20\%$。由双倍余额递减法改为直线法的年限为：
$$\frac{T}{2} + 2 = \frac{10}{2} + 2 = 7 \text{ 年}$$

各年的折旧费用计算如表 8-2 所示。第 1 年到第 6 年的折旧率为 20%；第 7 年到第 10 年的 4 年折旧额按 4 年分摊（残值为零）。

（3）复利法——偿还基金法

这种方法考虑到费用的时间因素。它是在设备使用期限内，每年按直线法提取折旧，同时按一定的资金利率计算利息，故每年提取的折旧额加上累计折旧额的利息与年度的折旧额相等。待设备报废时，累计的折旧额和利息之和与折旧总额相等，正好等于设备的原值，以补偿设备的投资。

表 8-2　用双倍余额递减法计算的折旧额

年度	设备净值/元	折旧率/%	折旧费/元
1	8000	20	1600
2	6400	20	1280
3	5120	20	1024
4	4096	20	819
5	3177	20	635
6	2542	20	508
7	2034	以下按 2034/4＝508 平摊	508
8	1426		508
9	918		508
10	510		508

按照直线折旧法，如每年计划提取的折旧额为 B 元，资金利润为 i，使用年限为 n，则历年提取的折旧额和利息应为

$$
\begin{array}{c|c}
\text{第 1 年} & B(1+i)^{n-1} \\
\text{第 2 年} & B(1+i)^{n-2} \\
\vdots & \vdots \\
\text{第 } n \text{ 年} & B(1+i)^{n-n}=B
\end{array}
$$

则 $B(1+i)^{n-i}+B(1+i)^{n-2}+\cdots+B=K_0-L$ 整理

$$
B=(K_0-L)\frac{i}{(1+i)^n-1} \tag{8-7}
$$

式中　　K_0——设备的原始价值；

　　　　L——设备的残值。

$\dfrac{i}{(1+i)^n-1}$——资金积累系数（折旧基金率），其值可通过相应表格中查得。

例 8-3　某设备的价值是 8000 元，预计使用 10 年，残值为 200 元，资金利润率为 8%，试求逐年折旧额和利息。

解： 根据式（8-7）得

$$
B=(8000-200)\frac{0.08}{(1+0.08)^{10}-1}=538.43 \text{ 元}
$$

设备在使用过程中的折旧额和利息如表 8-3 所示。

表 8-3　折旧额和利息表

年度	每年提取的折旧额 /元	资金利息额 /元	折旧额加累计利息 /元	年末资金累计额 /元
1	538.43	—	538.43	538.43
2	538.43	43.07	581.50	1119.93
3	538.43	89.59	628.02	1747.95
4	538.43	139.84	678.27	1426.22
5	538.43	194.10	732.53	3158.75
6	538.43	252.70	791.13	3949.88
7	538.43	315.99	854.42	4804.30
8	538.43	384.34	922.77	5727.07
9	538.43	458.17	996.60	6723.67
10	538.43	537.90	1076.33	7800.00

8.2.2 设备的选择

（1）设备的选择原则

设备的选择原则是每个企业经营中的一个重要问题。合理地选购设备，可以使企业以有限的设备投资获得最大的生产经济效益，这是设备管理的首要环节。为了讨论方便，结合更新问题进行讨论。

选择设备的目的，是为生产选择最优的技术设备，也就是选择技术上先进，经济上合理的最优设备。

一般来说，技术先进和经济合理是统一的。这是因为，技术上先进总有具体表现的，如表现为设备生产效率高等。但是由于各种原因，有时两者表现出一点矛盾。例如，某台设备效率比较高，但能源消耗大。这样，从全面衡量经济效果不一定适宜。再如，某些自动化水平和效率都很高的先进设备，在生产的批量不够大的情况下使用，往往会带来设备负荷不足的矛盾。选择机器设备时，必须全面考虑技术和经济效果。下面列举几个因素，供选择设备时参考。

① 生产性　生产性是指设备的生产效率。选择设备时，总是力求选择那些以最小输入获得最大输出的设备。目前，在提高设备生产率方面的主要趋势有下列几项。

设备的大型化——这是提高设备生产率的重要途径。如 30 万吨合成氨设备、48 万吨尿素设备等都是向大型化的化肥装置发展。设备大型化可以进行大批量生产，劳动生产率高，节省制造设备的钢材，节省投资，产品成本低、有利于采用新技术、实现自动化。是不是设备越大越好呢？设备大型化受到一些技术经济因素限制。大型化的设备，产量大，相应地原材料、产品和废料的吞吐量也大，同时要受到运输能力的影响，受到市场和销售的制约。而且，在现有的工艺条件下，有些设备的大型化，不能显著地提高技术经济指标，设备大型化使生产高度集中，环境保护工作量比较大。

设备高速化——高速化表现在生产、加工速度、化学反应、运算速度的加快等方面，它可以大大提高设备生产率。但是，也带来了一些技术经济上的新问题。主要有：随着运转速度的加快，驱动设备的能源消耗量相应增加，有时候能源消耗量的增长速度，甚至超过转速的提高；由于速度快，对于设备的材质、附件、工具的质量要求也相应提高；速度快、零部件磨损、腐蚀块，消耗量大；由于速度快，不安全因素也增大，要求自动控制，而自动控制装置的投资较多等。因此，设备的高速化，有时并不一定带来更好的经济效果。

设备的自动化——自动化的经济效果是很显著的。而且由电子装置控制的自动化设备（如机械手、机器人），还可以打破人的生理限制，在高温、剧毒、深冷、高压、真空、放射性条件下进行生产和科研。因此，设备的自动化，是生产现代化的重要标志。但是，这类设备价格昂贵，投资费用大；生产效率高，一般要求大批量生产；维修工作繁重，要求有较强的维修力量；能源消耗量大；要求较高的管理水平。这说明，采用自动化的设备需要具备一定的技术条件。

② 可靠性　可靠性是表示一个系统、一条设备在规定的时间内、在规定的使用条件下、无故障的发挥规定技能的程度。所谓规定条件是指工艺条件、能源条件、介质条件及转速等。规定时间是指设备的寿命周期、运行间隔期、修理间隔期等。规定的技能是指额定能力，如压缩机的打气量、氨合成塔的氨合成量、热交换器的换热量等。人们总是希望设备能够无故障的连续工作，以达到生产更多产品的目的。现代化学工业，由于设备大型化、单机

化、高性能化、连续化与自动化的水平越来越高，则设备的停产损失也越大。因此，产品的质量、产量及生产的总经济效益对设备的依赖性越来越大，所以对设备的可靠性要求也越来越高。一个系统、一台设备的可靠性愈高，则故障率愈低，经济效益愈高，这是衡量设备性能的一个重要方面。

同时，就设备的寿命周期而论，随着科学技术的发展，新工艺、新材料的出现，以及摩擦学和防腐技术的发展，化工设备的使用寿命可以大大延长，这样，每年分摊的设备折旧费就愈少。当然，在决定设备折旧时，要同时考虑到设备的无形磨损。

③ 维修性（或叫可修行、易修性） 维修性影响设备维护和修理的工作量和费用。维修性好的设备，一般是指设备结构简单，零部件组合合理；维修的零部件可迅速拆卸，易于检查，易于操作，实现了通用化和标准化，零件互换性强等。一般来说，设备越是复杂、精密，维护和修理的难度也越大，要求具有相适应的维护和修理的专门知识和技术，对设备的润滑油品、备品配件等器材的要求也高，因此在选择设备时，要考虑到设备生产厂提供有关资料、技术、器材的可能性和持续时间。

④ 节能性 节能性指设备对能源利用的性能。节能性好的设备，表现为热效率高、能源利用率高、能源消耗量少，一般以机器设备单位开动时间的能源消耗量来表示，如小时耗电量、耗汽（气）量；也有以单位产品的能源消耗量来表示的，如合成氨装置，是以每吨合成氨耗电量来表示，而汽车以 $L/100km$ 的油耗量来表示，能源使用消耗过程中，被利用的次数越多，其利用率就越高。在选购设备时，切不可采购那些"煤老虎"、"油老虎"、"电老虎"设备。已经使用的，要及时加以改造。

⑤ 耐蚀性 各种化工生产，都离不开酸、碱、盐类等介质，对生产设备基本上都有腐蚀性，仅严重程度有所不同。因此，机械设备应具有一定的防腐蚀性能。诚然，制造一种完全不腐蚀的设备是不可能的，经济上也是不合理的。所以要在经济实用的前提下，尽量降低腐蚀速度，延长设备的使用寿命。这需从设备选材、结构设计和表面处理等方面采取相应措施，以保证生产工艺的需要。

⑥ 成套性 成套性是指各类设备之间及主辅机之间要配套。如果设备数量很多，但是设备之间不配套、不平衡，不仅机器的性能不能充分发挥，而且经济上可能造成很大浪费。设备配套，就是要求各种设备在性能、能力方面互相配套。设备的配套包括单机配套、机组配套和项目配套。单机配套，是指一台机器的主机、辅机、控制设备之间，以及与其他设备配套。这对于连续化生产的设备显得更重要。项目配套，是指一个新建项目中的各种机器设备的成龙配套，如工艺设备、动力设备和其他辅助生产设备的配套。

⑦ 通用性 这里讲的是通用性，主要是指一种型号的机械设备的适用面要广，即要强调设备的标准化、系列化、通用化。就一个企业来说，同类型设备的机型越少，数量越多，对于设备的备用、检修、备件储备等管理都是十分有利的。目前有不少设备，虽然型号一样，或一个厂的不同年份的产品，由于某些零件尺寸略有差异，就给设备检修、备件储存带来许多困难和不必要的资金积压，并增大了检修费用。不少专用设备，目前还采用带图加工的办法，是很不合理的。一是不能批量生产，成本较高，质量不易保证；二是备品储备增加；三是工艺改变，不利于设备的充分利用。事实说明专用设备实行标准化、系列化是完全可能的。各厂在新设备设计或老设备更新改造时，应尽量套用标准设计，而不是另起"炉灶"，一来可节省设计费用，减少不必要的重复劳动；二来推动标准化、系列化、通用化，对改善企业管理有利。

以上是选择机器设备要考虑的主要因素。对于这些因素要统筹兼顾，全面权衡利弊。

（2）设备选择的管理

企业选用什么样的设备，是决定企业装备水平的重要环节。企业各业务部门对此既要有明确的分工，又要紧密配合。设备的选择，应以设备管理部门为主，把有关科室组织、协调起来，以便于对设备进行全面评价。

8.3 设备更新与改造的重点及有效途径

8.3.1 设备更新改造的重点

设备更新改造应围绕满足企业的产品更新换代、提高产平质量、降低产品能耗和物耗、达到设备综合效能最高为目标，所以设备更新改造的重点应该是下述几方面内容。

① 对满足产品更新换代和提高产品质量要求的关键设备，更新改造这类设备时，应尽量提高设备结构的技术水平，扩大生产能力。

② 对严重浪费能源的设备，企业中使用的设备有不少是电老虎、油老虎，这些设备应作为更新改造的重点。其中有些是报废型号的产品，有些虽尚未达到报废程度，但超过有关规定的指标。对于能耗大的动力设备，按规定能源利用率低于以下界限，就必须进行更新和改造。

还有一些虽然设计效率不低，但由于受使用条件限制，长期大马拉小车或空载运行，动力得不到充分利用的设备，也应根据生产特点结合企业情况进行工艺调整或改造。

③ 对于经过经济分析、评价，经济效益太差的设备。

a. 设备损耗严重，大修后性能不能满足规定工艺要求的设备。

b. 设备损耗虽在允许范围之内，但技术上已陈旧落后，技术经济效果很差的设备。

c. 设备服役时间过长，大修虽能恢复技术性能，但经济上不如更新的设备。

d. 严重污染环境和不能保证生产安全的设备。对那些跑、冒、滴、漏严重的老旧设备，要优先考虑，因为它污染环境，影响人的身体健康，危及工农业生产。

e. 操作人员工作条件太差，劳动强度大，机械自动化程度太低的设备。

8.3.2 设备更新改造的有效途径

由于设备的基建投资大小不同，其生产的产品、质量和企业的技术水平、资金状况、经营策略也不相同，需要分析比较各种方案，确定最经济合理的设备更新方案。

设备改造是设备更新的基础，特别是用那些结构更加合理、技术更加先进、生产效率更高、能耗更低的新型设备去代替已经陈旧了的设备，但是，实际情况是不可能全部彻底更换这些陈旧设备。所以采用大修结合改造或以改造为主的更新设备，是化工企业设备更新的有效的途径。

所谓设备改造是指应用现代技术成就和先进经验，为适应生产需要，改变现有设备的结构，给旧设备装上新部件、新装置、新附件，改善现有设备的技术性能，使之达到或局部达到新设备水平。设备改造与设备更换相比，有如下优点。

① 设备改造的针对性和对生产的适应性强。这种改造与生产密切结合，能解决实际问题、需要改什么就改什么，需要改到什么程度就改到什么程度，均由企业自己决定。

② 设备改造由于充分利用原有设备的可用部分，因而可大大节约设备更换的投资。

③ 设备改造的周期短，一般比重新设计或制造、购置新的设备所需要的时间短，而且还可以结合设备的大修理进行改造设备。

④ 设备改造还可以促进设备构成比例的改善。通过设备改造可以改善设备的技术性能，从而使结构向先进的方向转化。

⑤ 设备改造的内容广泛，它包括：提高自动化程度；扩大和改善设备的工艺性；提高设备零部件的可靠性、维修性；提高设备的效率；应用设备检测监控装置；改进润滑冷却系统；改进安全维修系统；降低设备能耗；改善环境卫生；使零部件标准化。

8.4　设备更新与改造管理

对设备的更新改造是设备管理工作当务之急，但又不能为了赶潮流，片面求新、求洋。我国现阶段一方面处于设备技术状态落后急需更新改造的状况；另一方面又有脱离实际，盲目推广新技术、乱提更新改造计划造成半途而废的现象。设备更新、改造管理包括：编制更新、改造管理计划，选定更新、改造项目；对项目进行技术经济分析，进行技术、物质准备；筹集资金；检查计划执行情况；技术总结，经验推广等。

在进行设备更新、改造时，要注意以下两个问题。

（1）结合本企业的产品水平和管理水平

如企业产品技术水平提高快，更新换代周期短，必然要求设备满足其产品发展的需要，设备更新、改造工作也就搞得好。企业的管理水平越高，对设备的经济效益和技术水平要求越高，必然促进设备更新、改造工作的开展。如果企业管理水平低，即使有了先进设备，由于得不到科学管理，还是不能充分发挥其作用。

（2）结合企业的人力、物力、财力条件

即使有很先进的设备更新或改造方案，但投资太大，超过了企业的偿还能力，此方案也不可行。所以应根据企业具备的条件来选择生产急需而效益又高的方案。

8.4.1　设备更新的管理

对设备更新的管理可按设备计划阶段管理的要求进行，包括申请计划、可行性研究，审批等环节的管理。

8.4.2　设备改造的管理

根据企业现阶段的设备管理制度，设备改造可按以下要求进行管理。

① 设备使用部门所提出的不影响设备基本性能和主要结构，且可自行设计、改造的小型改造，由使用部门提出申请，经设备主管部门工程技术人员审查、领导批准后即可进行，但其所改进部分的技术资料应交设备主管部门归档。

② 对大型、关键、精密设备的改进，不论其范围大小，必须由使用单位的技术主管领导申请，呈报设备主管部门审查，并经企业主管领导批准，方可进行设计、改进工作。

③ 凡对设备的工艺性能和维修性能等进行大的改进或改造时，按图 8-1 程序进行审批。首先由提出部门将建议、要求和方案整理成书面的"设备改造申请书"，见表 8-4。

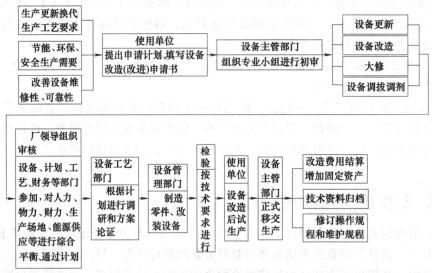

图 8-1 设备改造管理程序

表 8-4 设备改造申请书

设备名称			要求完成日期	
型号			数量	
申请	单位		负责人	
	申请人		会签	
	审核			
设计	单位		负责人	
	设计人			
制造	单位		负责人	
	工艺			
要求改造原因				
改造费用预算和经济效果分析				
主要技术参数				
对结构和控制的要求				
简图				
试车鉴定				
设备主管部门意见				
企业领导批示				
备注				

（1）对设备改造管理的说明

设备改造申请书中，应对改造原因、预计经济效果及投资概算等详细说明。申请书由申请部门主管领导审核后报设备主管部门；设备主管部门负责组织对提出项目的初审，由经验比较丰富的工程技术人员和工人组成专业小组进行研究审查，根据全厂设备拥有状况，分析申请改造的原因，对大修、改造、更新、厂内调拨等诸方案，提出审查意见。

如设备主管部门认为必须进行改造，则将审查意见报企业主管领导。决不允许对未经研究、批准的设备进行任何改造项目。

设备改造完工，经过检验，试生产，然后移交生产单位。

(2) 设备改造的总结

设备改造后，一定要注意总结工作，总结从以下两个方面进行。

① 经济方面。设备改造后提高劳动生产率的效果如何；每年可节约的材料、动力、劳动力；改造的计划费用和实际费用；改造所消耗的材料和工时；设备的停歇时间等，这些资料为经济核算提供了详细准确的数据。

② 生产技术方面。整理设备改造过程中的全部技术资料，包括设计调研资料、图纸、材料耗用明细表、关键工艺资料、试制鉴定资料、技术上存在的问题及今后改进意见等。所有这些资料都应归入设备技术档案，为设备检修和进一步推广改造成果提供准确的资料。

第9章 设备管理的技术经济效果分析

技术经济效果分析是对各项工作的经济效果，进行科学分析的方法。经济效果，可以理解为对人类某一实践活动（这里主要是指经济活动）的评价。所得成果大于所花费的人力、物力、资源等，或者说输出大于输入，就是有效果，反之就是效果不好。实质上，设备从设计到报废，或者从购置到报废这段时间，有两个变化过程，一是设备的物质变化过程；二是设备的经济价值变化过程，一般以货币来表示。前一个过程是技术性问题，研究的对象是设备本身，其目的是为了掌握设备物质的运动规律，以保证设备处于良好的技术性能状态。后一个过程是经济性问题，研究对象是与设备运行有关的各项费用，其目的是为了掌握设备价值运动规律，包括购置的经济性、维修的经济性、运动的经济性、更新的经济性等，以期花最小的投资，求得最大的经济效益。我们过去的设备管理工作，重视了设备物质变化过程，而忽视了设备的经济价值变化过程。

设备管理工作中的经济性观念，表现在以下几方面。

9.1.1 有关考核指标

设备完好率、泄漏率等，是反映设备情况的一个可比性指标，发动群众对其进行考核是很有必要的。但是这种考核形式还是不够全面，因为它没有反映出经济性的优劣，往往造成过度维修的现象。为此，应考虑考核设备的停机损失、单位产品维修费用、故障率、寿命周期费用等，充分反映出设备的经济效果来。

9.1.2 大修理问题

几十年来，我国执行计划预修制度，但此制度也表现出了较大缺陷，具体如下。

① 计划预修制度强调"恢复性修理"而不强调"现代化改造"，往往产生冻结技术进步的现象。20 世纪 60 年代以来，世界上科学技术突飞猛进，因此在大修时，一定要强调改造，以缩短差距。机械设备，一般是可以通过更新来提高效率；但对一部分机械设备，也可以通过现代化改造来提高效率。

② 维修费用高，不符合经济原则。据有关资料报道，日本每年大修的设备数不超过设备总数的 2%。例如我国普通车床约使用 25 年。按 4.5 年大修周期计算，在 25 年中大修

5.5 次，中修 11 次，还不计小修。按目前修理价格，仅是大、中修费用，就可买数台同样车床。由此可见，计划预修制度虽然可以减少故障，但却会造成过度维修和保养，造成经济上的极大浪费。

③ 关于大、中、小修周期结构的问题。并不是每种设备都需要大修，或者二次大修之间一定需要中修，二次中修之间一定需要小修。某些大型设备可以分成若干部件，每一部件又由各个零件所组成，而各个零件的磨损规律是不同的，因此不可能在大修时都超过磨损极限，都需要更换。但是，目前许多厂要求大修时要全面解体检查，更换磨损件，结果造成没有必要更换的零件被更换了，并且增加了不必要的修理工作量。

综上所述，对全部设备都执行计划预修制度是不完全符合取得最大经济效益这个原则的。因此，可以采取设备分级管理，对不同级别的设备采用不同检修制度。如可以采用检查后修理制、事后维修制、免修制形式，再加上计划预修制，相互配合，使设备管理的经济效益能够大大地提高一步。

9.2　设备购置的经济性

设备购置的经济计算方法是多种多样的。根据不同的经济性比较指标进行分类，基本上可以分为三大类。

（1）按投资回收期计算的方法

根据投入的资金，要经过几年才能回收决定投资的方法，叫做投资回收期法。回收期愈短愈有利。

（2）按成本（费用）比较计算的方法

比较设备一生的总费用，必须考虑资金的时间因素，才能把费用等价换算成能够进行比较的数值。换算方法有现值法、年值法和终值法 3 种。

① 现值法。把设备一生的总费用，根据一定的利率换算成现在价值（现值），然后进行比较，把具有最小现值的方案看作经济性良好。

② 年值法。把设备一生的总费用，根据一定的利率换算成每年同额费用（年值），然后进行比较，把年平均费用最少看作是经济性良好。

③ 终值法。把设备一生的总费用换算成使用期限终止时的价值，即换算成终值（又称未来值），然后进行比较，这种方法目前已经不用了。

（3）按利润率（收益率）比较计算的方法

根据投资求出预想实现的利润率进行比较的方法，是一种把利润率较高的方案或者高于一定利润率的方案作为投资对象的做法。

9.2.1　投资回收期法

在经济计算中，需要考虑资金的时间因素，就是在一定的利润下，资金随着时间的推移所形成的价值，现介绍资金时间因素的计算方法。

设 i 为某一利息期间的利率；n 为利息期间数（通常单位时间为年，故 n 为年数）；P 为资金的现值；R 为每年年末支付的同额费用（或利润）；S 为资金的未来值（终值）。

计算上述这些参数的公式如下。

① 已知 P 求 S。系数 $(1+i)^n$。系数名称：复利系数（终值率）。

公式

$$S = P(1+i)^n = \frac{P}{F_A}$$

② 已知 S 求 P 系数 $\dfrac{1}{(1+i)^n}$。系数名称：现值系数（贴现系数），以 F_A 表示。

公式

$$P = S \frac{1}{(1+i)^n} = SF_A$$

③ 已知 S 求 R 系数 $\dfrac{1}{(1+i)^n-1}$。系数名称：资金积累系数（折旧基金率）。

公式

$$R = S \frac{i}{(1+i)^n - 1}$$

④ 已知 R 求 S 系数 $\dfrac{(1+i)^n-1}{i}$。系数名称：同额支付复利系数。

公式

$$S = R \frac{(1+i)^n - 1}{i}$$

⑤ 已知 P 求 S 系数 $\dfrac{i(1+i)^n}{(1+i)^n-1}$。系数名称：资金回收系数 F_{PR}。

公式

$$R = \frac{P(1+i)^n}{(1+i)^n - 1} = PF_{PR}$$

⑥ 已知 R 求 P 系数 $\dfrac{i(1+i)^n}{(1+i)^n-1}$。系数名称：同额支付现值系数以 F_B 表示。

公式

$$P = R \frac{(1+i)^n - 1}{i(1+i)^n} = PF_B$$

上述各种系数已汇总 i 和 n 的相对应的数值表，即时间因素表，可从有关资料中查得。投资回收期法是以设备的收益算出回收设备投资所需的时间，以评价其经济性的一种方法，也称为投资偿还期法。显然，回收期越短越好，可以以此作为评价标准。但这种方法是基于资金周转，即短期经济性的角度提出的评价方法，它缺少对耐用年数（使用寿命）的考虑。

（1）投资回收期法（属于财务会计法）

如果每年的收益相等，则可以简易地算出投资回收期，即资金在企业内得以流动的年数。

$$投资回收期(\tau) = \frac{投资额}{年度利润} \tag{9-1}$$

如果每年的收入不等，则需要把年度利润逐年相加，直至总收益等于投资费用为止，即可得到回收期。

通常回收期等于或低于设备预期使用寿命或折旧年限的 1/2 时，投资方案为可取。另外也可根据标准回收期进行判别。

与此法相仿的还有投资回收率法，投资回收率法中考虑设备折旧，所以它比回收期法

反映的情况稍微切合实际一些，其计算方法为

$$投资回收率 = \frac{平均年利润 - 年折旧费}{投资费用} \times 100\% \tag{9-2}$$

式中，平均年利润＝总收益/预期使用寿命；年折旧费＝投资费用/预期使用寿命。

如果投资回收率大于企业预定的最小回收率此方案可取。

以上方法称为筛除技术，已逐年从投资额中扣除净收益，其计算简便，可对方案做出快速评价，但它不能反映资金的时间因素。

（2）投资偿还期法（属于工程经济法）

这是考虑在一定的利率下，需要几年才能还清全部投资的偿还期的方法。

设投资额为 P，每年同额利润为 R，利率为 i，偿还期为 n，则

$$\frac{P}{R} = \frac{(1+i)^n - 1}{i(1+i)^n} = 同额支付现值系数 \, F_B \tag{9-3}$$

或

$$\frac{P}{R} = \frac{i(1+i)^n}{(1+i)^n - 1} = 资金回收系数 \, F_{PR} \tag{9-4}$$

根据上述两式，只要设定 R、P、i，则根据同额支付 现值系数和资金回收系数可以得出偿还期 n。

9.2.2　成本比较法

这是通过成本比较，成本愈小愈 可以认为是有利的一种方法。属于这一类方法的有如下几种。

（1）制造成本比较法（属于财务会计法）

这是根据设备投资，利用财务会计的方法计算制造成本，其制造成本愈小愈可以认为是盈利的一种方法。

（2）年值比较法（属于工程经济法）

这是求出设备投资额的每年等值同额费用与每年维护费用之和，选择这种合计值为最小的投资方法。在每年的设备运行维护费用为同额的情况下，其年费用为

$$AC = P - LF_{PR} + V \tag{9-5}$$

式中　P——投资额；

　　F_{PR}——资金回收系数；

　　V——每年的运行维护费用；

　　L——残值。

该方法是求出利率 i 的投资额的等值同额费用与每年维护费用之和，并认为此值越小越好，如果每年的维护费用不相等，可求出年平均维护费用作为 V 值。

（3）限制比较法（属于工程经济法）

这是一种求出设备投资额与维护费用的现值之和，选择和为最小的投资方法。如下

$$PW = P + \frac{L}{(1+i)^n} + \left[\frac{V_1}{1+i} + \frac{V_2}{(1+i)^2} + \cdots + \frac{V_n}{(1+i)^n} \right] \tag{9-6}$$

式中　　　　　P——投资额；

$V_1, V_2, \cdots, V_n$——每年的运行维护费用；

　　　　　L——残值。

式中，$L=0$，$V_1=V_2=\cdots=V_n=V$，则式（9-6）可简化为

$$PW=P+V\frac{(1+i)^n-1}{i(1+i)^n}=P+VF_B \tag{9-7}$$

式中　　F_B——同额支付现值系数。

下面的例子是年值比较法和限制比较法的具体应用。可以看出，必须用设备寿命周期费用的观点来考虑投资问题。

例 9-1　有 A、B 两厂生产的同样型号的设备。其出厂价格和每年运行维护费用如表 9-1 所示。如仅从价格来看 B 厂比 A 厂便宜 3 万元。但实际上，考虑到运行维护费用。B 厂的设备每年比 A 厂的设备多 1 万元。问使用哪个厂的设备有利？

表 9-1　设备的费用的消耗

项目 \ 工厂	A	B
设备购入价格/万元	10	7
年运行维护费用/(万元/年)	3	4
使用年限 n/年	10	10
计算利率 i/%	10	10

解：运用年限法和现值法进行比较。

① 年成本计算。由前面系数公式得到，$i=10\%$、$n=10$ 年的资金回收系数 $F_{PR}=0.163$，代入式（9-5），得年成本 AC 如下：

$$AC_A=10\times0.163+3=4.63（万元）$$
$$AC_B=7\times0.163+4=5.14（万元）$$

② 按费用的现值计算。由前面系数公式得到，$i=10\%$、$n=10$ 年的同额支付现值系数 F_B 为 6.15，代入式（9-7），得总费用的现值 PW 为

$$PW_A=10+3\times6.15=28.45（万元）$$
$$PW_B=7+4\times6.15=31.60（万元）$$

结果表明，根据技术经济学的分析，进行等值换算后，不论是年限法还是现值法，都说明 A 厂的总费用最少，故采用 A 厂的设备是有利的。

由此可见，在选购设备时不能仅看设备的购入价格，还应考虑它的运行劳务费、动力费和维修保养费等每年的运行维护费用。这种以设备一生费用为最小的评定方法称为寿命周期费用评定法。

③ 利润现值和投资额比较法。这是把利润现值同投资额加以比较，选择其差额为最大的投资方法。计算利润现值 P_R 的公式为

$$P_R=\frac{R_1}{1+i}+\frac{R_2}{(1+i)^2}+\cdots+\frac{R_n}{(1+i)^n}+\frac{L}{(1+i)^n} \tag{9-8}$$

式中，R_1，R_2，$\cdots$，R_n 为各年的利润（不包括折旧和利息）；L 为残值，i 为希望收益率。

根据上式求得的 P_R，选择 P_R 与 P 有最大差额的设备进行投资。

在上式中，如果 $L=0$，$R_1=R_2=\cdots=R_n=R$，则该式可简化为

$$P_R=R\frac{(1+i)^n-1}{i(1+i)^n}=RF_B \tag{9-9}$$

例 9-2　拟议中的某项投资，希望 5 年内每年能获得 2 万元的利润。假设 $i=15\%$，现在投资 6 万元，问这项投资是否合算？

解：查前面系数公式得，$i=15\%$，$n=5$ 的同额支付现值系数 $F_B=3.375$，代入式 (9-9)，得 5 年利润的现值为 2 万元 ×3.375＝6.714 万元，投资现金 6 万元相比，得 6.714－6.0＝0.714（万元），计算看出，这项投资是有利的。

本例中，假设 $i=10\%$，五年内每年利润 $R=1.50$ 万元，问这项投资（6.0 万元）的方案是否值得？

在查前面系数得 $i=10\%$、$n=5$ 的同额支付现值系数 $F_B=3.794$，代入式 (9-9)。则总利润的现值为 1.50 万元 ×3.794＝5.691 万元。与投资额相比，得 5.691－6.0＝－0.309（万元）。

可见，此方案显然是不值得的。但请注意：本题如果不进行利润现值的换算，该项投资可能错误地获得批准。因为投资后的 5 年中可以回收 $5\times15000=75000$（元）。较之原始投资 60000 元为多，故可能误认为是有利可图的投资方案。

9.2.3　投资利润法

投资利润法，这是一种计算相对投资的利润，并认为这种利润率愈高愈有利的方法。投资利润率也称为投资效率。

（1）单纯投资利润率法（属于财务会计法）

这是一种财务会计的方法。单纯地计算第一年度的利润 R_1，然后再用最初投资 P_0 去除这项利润，即

$$单纯投资利润率 = \frac{R_1}{P_0} \tag{9-10}$$

由于这种方法不考虑耐用年数，故不能表示出设备整个使用期间的真实利润率，这是它的缺点。

（2）平均投资利润法（属于财务会计法）

平均投资利润法，这是用设备使用期内的平均投资额 $\overline{P}$ 去除年度平均利润 $\overline{R}$，即

$$平均投资利润 = \frac{\overline{R}}{\overline{P}} \tag{9-11}$$

这是一种财务会计的计算方法。即使平均利润相同，但在资金收支数额和时间不相同时，也往往很难比较其优劣。

（3）贴现现金流量法（属于工程经济法）

这是计算当投资额的现值与将来所获利润的现值相等时的利润率的方法。这个方法是美国哥伦比亚大学教授乔·戴斯倡导的，其计算公式为

$$P = \frac{R_1}{1+x} + \frac{R_2}{(1+x)^2} + \cdots + \frac{R_n}{(1+x)^n} + \frac{L}{(1+x)^n} \tag{9-12}$$

式中　　P——投资额；

$R_1,R_2,\cdots,R_n$——年利润；

L——残值；

x——所求的利润率。

在式 (9-12) 中，假设 $R_1=R_2=\cdots=R_n=R$，$L=0$，则可写成 $P=R\left[\dfrac{(1+x)^n-1}{x(1+x)^n}\right]$

即

$$\frac{P}{R}=\frac{x\,(1+x)^n}{(1+x)^n-1}=F_{PR} \tag{9-13}$$

当式中给出 R、P、n 时，即可求出利润率 x。

(4) 收益指数法（属于工程经济法）

这是鲁尔（I. Reul）发表的计算方法，也是利润折扣率的一种。本法的原理与利润折合率法一样，利用了投资和收益现值相等的原则，只是使用本法比用公式计算来得简单明了。

9.3 设备维修的经济性

9.3.1 维修的一般规律

设备在使用过程中要发生磨损。为了补偿有形磨损，就要进行设备维修。设备的维修过程有事后修理和事前修理。

事后修理要被迫停机，并且需要花一定的时间，修理后才能恢复一定的力学性能。而事前修理就是计划预修。由于是在设备故障或事故发生之前，采取检修措施，因而可以妥善地安排施工和准备好备件。但过分强调计划预修，容易出现过度维修现象，造成经济上的损失。因此，对有些影响不大或拥有备机的设备，采用事后修理反而更经济。

9.3.2 维修费用效率

在设备购置后的使用阶段，安装前所花费的费用是埋没费用，因已支付出去，且是无可挽回的了。所以，以后的问题是如何努力提高设备的寿命周期费用的经济性。

设备使用阶段的经济评价问题，应当分为两个方面考虑，即把设备所消耗的费用分成资本支出和经费支出两个部分。

对现有设备的日常维修保养、检查、修理等作业费用即为经费支出。在这种情况下，究竟怎样才算是最经济，这就是经济性的评价问题。其评价标准为：

$$维修费用效率=\frac{产品产量}{维修保养费} \tag{9-14}$$

而其倒数经常用下式表示

$$单位产品维修费用=\frac{维修保养费}{产品产量} \tag{9-15}$$

维修保养费是设备的输入物，而产品产量是设备创造出来的输出物。作为输出物，有时也采用与产品产量有关的设备运行时数、耗电量等来表示。例如，在铸造厂可以计算平均生产 1t 铸件支出多少元的设备维修费用；电机制造厂可以计算平均 1kW 电机需要多少维修费用。这两个经济指标的优点是能够综合反映一个企业或一台设备维修工作的经济效果。如果把产品量改为总产值（或总利润），则可变成平均万元产值的维修费用。这样，其经济性评价的效果就显著了。

例 9-3 在一定时间内，设备 A 生产了 10000 个零件要花去维修作业费用 5000 元，同期，设备 B 生产 12000 个零件，花去维修费用 5390 元，试比较两台设备的经济性。

解：计算维修费用效率

设备 A：$\qquad\qquad \dfrac{10000}{5000} = 2.00$ 件/元

设备 B：$\qquad\qquad \dfrac{12000}{5390} = 2.22$ 件/元

显然，设备 B 的维修经济性优于设备 A。

9.3.3　维修费用的综合评价

维修费用分为直接费用和间接费用。维修的直接费用是指用于设备维修的实际费用支出。而维修的间接费用是指由于设备损坏而引起的损失费用。其中包括由于故障造成的减产而带来的利润损失和人力窝工，以及伴随事故而发生的材料利用率、能量、质量、人员费用开支以及其他方面所造成的费用损失。据此，日本青山大学日比宗平教授提出了综合评价维修保养费的方法。这个方法主要是用维修保养费完成率来评价。首先需确定维修保养费的综合评价尺度，然后根据这个尺度，由主管部门制定一个标准，把实际的维修保养费和所定的标准进行比较，就得到维修保养费完成率。

维修保养费综合评价尺度是用单位管理基准值对应的维修费与事故损失费之和来表示。管理及准值通常用设备耗电量来计算。因此，维修保养费综合评价尺度 U 就是设备单位耗电量 D 对应的维修费 M_1 和事故损失费 M_2。按式（9-16）确定

$$U = \frac{M_1 + M_2}{D} \tag{9-16}$$

为了对维修保养费进行综合评价，应先由管理部门根据上式给定管理期评价尺度 U 的标准值作为管理目标，然后与同期内评价尺度的实际值进行比较，用以综合评价管理期内维修保养费的经济性。评价结果用完成率表示，设 i 期的完成率为 η_i，则

$$\eta_i = \frac{U_{bi}}{U_{si}} \tag{9-17}$$

式中　U_{bi}——i 期维修保养费评价尺度的标准值；

　　　U_{si}——i 期维修保养费评价尺度的实际值。

根据式（9-16）可求得

$$U_{bi} = \frac{(M_1 + M_2)_{bi}}{D_{bi}} \tag{9-18}$$

$$U_{si} = \frac{(M_1 + M_2)_{si}}{D_{si}} \tag{9-19}$$

由于 U 值的含义是单位耗电量对应的维修费和事故损失费。因此，在用式（9-17）求完成率 η_i 时，为了使公式简化，可以令 $M_1 + M_2$ 的标准值和实际值分别对应于同一单位耗电量 D，也就是说，可令 $D_{bi} = D_{si}$。这样，式（9-17）的完成率 η_i 可写为：

$$\eta_i = \frac{(M_1 + M_2)_{bi}}{(M_1 + M_2)_{si}} \tag{9-20}$$

上式说明，要确定报告期内维修保养费的完成率 η_i，首先要确定一个单位管理基准值作为标准，然后与同期发生的上述两项费用之和进行比较，其结果就是报告的完成率。

综合评价维修保养的目的是追求 U_{si} 的最小值。对应于一定 U_{bi} 值，随着 U_{si} 值的减小，效率 η_i 值就增大，说明维修保养费的经济性愈高。

9.3.4 设备大修的经济性

大修相对于更新来说，是还能够利用没有达到磨损极限的零件，从而节约大量原材料及加工工时。通过大修，能延长设备使用年限，这是大修有利的一面。如果在大修后的设备上生产单位产品的耗费要比使用更新设备时为高，则通过大修来完成设备的使用期限，就显得不经济了。为此，必须去确定一个计算大修经济效果的办法，不能无休止地将一台设备大修下去。大修的经济界限是设备的一次大修费用（R）必须小于同一年中该种设备的价值（K_n）减去这台设备的残值（L），故大修的条件是 $R < K_n - L$。

当然由于无法获得新设备而被迫进行不经济的修理，这种情况也是有的，这是一种不正常的情况，不在这里讨论范围之内。

凡符合上述条件的大修，在经济上是不是最佳方案，要做经济分析才能回答。如果设备在大修之后，生产技术特性与同种新设备没有区别，则上述公式才能成立，但实际情况并非如此。事实上，设备大修之后，常常缩短了下一次大修的间隔期，同时，修理后的设备与新设备相比，技术上故障多、设备停歇时间长、日常维修费用增加。修理质量对于日常产品成本的大小也有很大的影响。

只有大修后使用新设备生产的单位产品成本，在任何情况下，都不超过任何新设备生产的单位产品成本，这样的大修在经济上才是合理的。

设备大修理的经济效果，表现为大修后的设备与新设备在加工单位产品时的成本之比或二者成本之差，并可以式（9-21）表示

$$I_r = \frac{C_r}{C_n} \leqslant 1$$
$$\Delta C_z = C_n - C_r \geqslant 0 \tag{9-21}$$

式中　I_r——大修后设备与新设备加工单位产品成本的比值；

　　C_r——大修后设备加工单位产品的成本；

　　C_n——新设备加工单位产品的成本；

　　ΔC_z——新设备与旧设备加工单位成本之差。

必须在上述两种情况下，大修才合算。

因此，如果设备超过了这个经济界限继续进行大修，或延长设备使用年限都是不经济的，那时就应该用新的设备去替换旧设备了。

9.4 设备更新的经济性　▶▶

设备寿命有物质寿命、技术寿命和经济寿命之分。

物质寿命是指从设备开始投入使用到报废所经过的时间。做好维修工作，可以延长物质寿命，但随着设备使用时间延长，所支出的维修费用也日益增高。

经济寿命是指人们认识到依靠高额维修费用来维持设备的物质寿命是不经济的，因此必须根据设备的使用成本来决定设备是否应当淘汰。这种根据使用成本决定的设备寿命就称为经济寿命。过了经济寿命而勉强维持使用，在经济上是不合算的。

技术寿命是指由于科学技术的发展，经常出现技术经济更为先进的设备，使现有设备在物质寿命尚未结束以前就淘汰，这称之为技术寿命。这种倾向在军事装备上尤为明显。

设备的经济寿命或最佳更新周期可以用下述各种方法求得。

9.4.1 最大总收益法

在一个系统中比较系统的总输出和总输入，就可以评价系统的效率。对生产设备的评价也是一样，人们通常以设备效率 η 作为评价设备经济性的主要标准。即

$$\eta = \frac{Y_2}{Y_1} \tag{9-22}$$

式中　Y_1——对设备的总输入；

　　Y_2——设备一生中的总输出。

对设备总输入就是设备的寿命周期费用。设备一生中的总输出，即设备一生中创造出来的总财富。

设备寿命周期费用主要包括设备的原始购入价格 P_0 和使用当中每年可变费用 V。则设备寿命周期费用的方程式为

$$Y_1 = P_0 + Vt \tag{9-23}$$

式中，t 为设备的使用年限。

所谓设备一生的总输出 Y_2 是设备在一定的利用率 A 下，创造出来的总财富，可用下列简单公式表示

$$Y_2 = (AE^*)t \tag{9-24}$$

式中，E^* 为年最大输出量；t 为使用年限。

设备在不同使用期的可变费用并不是常量，而是随使用年限的增长而逐渐增长的。

$$V = (1 + ft)V_0 \tag{9-25}$$

式中　V_0——起始可变费用；

　　f——可变费用增长系数。

将式（9-25）代入式（9-23）得寿命周期费用方程

$$Y_1 = fV_0 t^2 + V_0 t + P_0 \tag{9-26}$$

这样，设备总收益 Y 的方程为

$$Y = Y_2 - Y_1 = AE^* t - (fV_0 t^2 + V_0 t + P_0) \tag{9-27}$$

如果要求 $Y_{\max}$ 值，可对 t 微分，并令其等于零，即可求出最大收益寿命。

例 9-4　设某设备的实际数值和参数如下；$P_0 = 20000$ 元，$V_0 = 4000$ 元，$f = 0.025$，$A = 0.8$，$E^* = 10000$ 元/年，暂不考虑资金时间因素。试求该设备的平衡点（即收支相抵），何时可求得最大总收益？

解：将上列的参数代入式（9-27），得

$Y = -100t^2 + 4000t - 20000$

令 $Y = 0$，求 t 值，得

$-t^2 + 40t - 200 = 0$

$t = \dfrac{-40 \pm \sqrt{800}}{-2}$，即 $t_1 = 5.85$ 年，$t_2 = 34.14$ 年。

即第一平衡点是 5.86 年；第二平衡点是 34.14 年。

下面进一步分析利润函数，求最大收益值。为此，总收益方程对 t 微分，并令其为零，得

$$Y' = -200t + 4000 = 0(Y' = -200)$$

$$t = \frac{4000}{200} = 20(\text{年})$$

即设备使用 20 年时收益最大,这是的最大总收益为

$$Y_{\max} = -100 \times 20^2 + 4000 \times 20 - 20000 = 20000(\text{元})$$

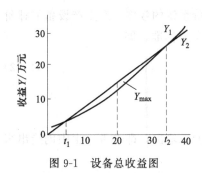

图 9-1　设备总收益图

由图 9-1 可以看出,当设备使用到第 6 年时设备开始收益;使用到第 20 年,设备的经济收益为最大(20000元);如果设备使用期超过 20 年,总收益反而降低,到第 34 年,总收益等于 0。因此,当设备使用期达 20 年左右时,更换设备较为恰当。

9.4.2　最小年均费用法

上述以最大总收益来评价设备经济寿命的方法,对一些叫"非盈利"的设备,如小汽车、某些电气设备、行政设备和军用设备等,很难求得收益函数。另外,该方法在计算上也较为复杂。

年平均费用由年平均运行维护费用和年平均折旧费两部分组成。由式(9-28)表示

$$C_i = \frac{\sum V + \sum B}{T} \tag{9-28}$$

式中　C_i——i 年的平均费用(平均使用成本);

　　　$\sum V$——设备累计运行维护费;

　　　$\sum B$——设备累计折旧费;

　　　T——使用年份。

计算设备每年的平均使用成本值,观察各种费用的变化,平均使用成本取得最低值 $C_{\min}$ 的年份即为最佳更换期,也为设备的经济寿命。

例 9-5　以 6000 元购入一辆汽车,每年的运行维护费用和折旧后的每年账面净值列于表 9-2。试计算其最佳更换期。

解:根据表 9-2 的数据按式(9-28)计算,结果如表 9-3 所示。

表 9-2　汽车的年净值和年运行费用

使用年份	1	2	3	4	5	6	7
净值/元	3000	1500	750	375	200	200	200
运行费用/元	1200	1200	1400	1800	2300	2800	3400

表 9-3　计算表

使用年份	1	2	3	4	5	6	7
累计运行费用($\sum V$)/元	1000	2200	3600	5400	7700	10500	13900
折旧累积费用($\sum B$)/元	3000	4500	5250	5625	5800	5800	5800
总成本($\sum V + \sum B$)/元	4000	6700	8850	11025	13500	16300	19700
年平均使用成本[①](C_i)/元	4000	3350	2950	2756	2700	2717	2814

① 年平均使用成本最低值。

如第 4 年的平均使用成本为:

$$C_4 = \frac{\sum V + \sum B}{T} = \frac{5400 + 5625}{4} = \frac{11025}{4} = 2756(\text{元})$$

从表 9-3 可以看到第 5 年年末为最佳更换期，因为该年平均使用成本 2700 元为最低。

图 9-2 曲线反映了年平均运行费用和年平均折旧费的变化，平均使用成本最低者为最佳更换期。

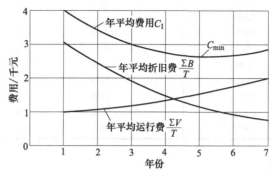

图 9-2　平均使用成本曲线

9.4.3　劣化数值法

在计算年均成本方法中，因设备每年运行维护费事前不知道，则无法预估设备的最佳更换期。

随着使用年限的增加，设备的有形磨损和无形磨损随之加剧，设备的运行维护费用也因而更为增多，这就是设备的劣化。如果预测这种劣化程度每年是以 λ 的数值呈线性地增加，则有可能在设备的使用早期测定出设备的最佳更换期。

假定设备经过使用之后的残余价值为零，并以 K_0 代表设备的原始价值，T 表示使用年限，则每年的设备费用为 K_0/T。随着 T 的增长，年平均的设备费用不断减少。但是，另一方面，第 1 年的劣化值为 λ，第 T 年的设备劣化值为 λT，T 年中的平均劣化数值为 $\dfrac{\lambda(T+1)}{2}$，据此，设备每年的平均费用 C_i 可按下式计算

$$C_i = \frac{\lambda(T+1)}{2} + \frac{K_0}{T} \tag{9-29}$$

若使设备费用最小，则取 $\dfrac{\mathrm{d}C_i}{\mathrm{d}T} = 0$，得最佳更换期为

$$T = T_0 = \sqrt{\frac{2K_0}{\lambda}} \tag{9-30}$$

将此值代入式（9-29），即可得最小平均费用。

例 9-6　某设备的原始价值为 8000 元，设每年维护运行费用的平均超额支出（即劣化增加值）为 320 元，试求设备的最佳更换期。

解：设备的最佳更换期为

$$T_0 = \sqrt{\frac{2K_0}{\lambda}} = \sqrt{\frac{2 \times 8000}{320}} \approx 7(\text{年})$$

如果逐年加以计算，也可得到同样的结果，如表 9-4 所示。从表中看出，在使用第 7 年总费用最小，所以，第 7 年是设备更换的最佳时期。用表 9-4 中的数据可画出最佳更换期图，如图 9-3 所示。

表 9-4　设备最佳更换期的计算

使用至第 T 年	设备费用 $\frac{K_0}{T}$ /元	平均劣化值 $\sqrt{\frac{\lambda(T+1)}{2}}$ /元	年平均费用/元
1	8000	320	8320
2	4000	480	4480
3	2667	640	3307
4	2000	800	2800
5	1600	960	2560
6	1333	1120	2453
7	1143	1280	2423
8	1000	1440	2440
9	889	1600	2489

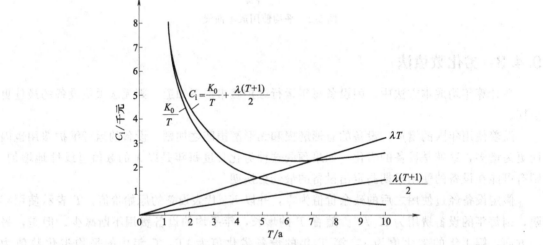

图 9-3　最佳更换期

第10章 现代管理方法在设备管理中的应用

现代化管理是综合型很强的技术，涉及很多科学领域的现代理论和方法，它正在日益受到各行各业的重视。在设备管理领域中，应该研究探索各种管理理论和方法在设备寿命周期内的应用问题，但限于篇幅，本章仅就常用的几种现代管理方法（网络计划技术、线性规划）在设备管理和维修中的应用，做一概要介绍。

10.1 网络计划技术

10.1.1 网络计划技术的特点

网络计划技术是现代化管理技术中的重要组成部分，广泛应用于工业、农业、军事、商业等各个领域。

网络计划技术的基本原理并不深奥，它的主要思路就是紧紧抓紧事物发展的主要矛盾"统筹兼顾"，以取得节约资源的效果。人们在工作实践中经常运用这种方法，只是未作科学分析，没有掌握它的规律性。例如，一台机床的大修过程可看成一个系统，机床的大修任务是由许多工序组成的。如拆卸、清洗、检查、零件修理、零件加工、电气检修与安装、床身与工作台的研合、部件组装、总装和试车等，这些都是机床大修中的技术性工作，与此同时，大修过程中还有许多的组织工作。在同等技术条件下，工序组织得合理与否，会直接影响大修的质量、速度、费用等指标。因此，对工作安排的合理与否至关重要。

网络计划技术是以工作所需的工时为基础，用网络图反映工作之间的互相关系和整个工程任务的全貌，通过数学计算，找出对全局有决定性影响的各项关键工作，据以对任务做出切实可行的全面规划和安排。

1957年，在兰德公司配合下，美国杜邦公司的有关人员首先提出了利用网络图制订计划的方法，称为"关键路径法"（CPM）。1958年，美国海军在研制"北极星"导弹核潜艇时，提出了一种"计划评审技术"（PERT），20世纪60年代初，华罗庚教授以"统筹法"为名，在我国推广应用了上述科学管理方法，取得了显著成果。据国外资料介绍，在既定条件下，不断加大人力、物力、财力，只用PERT就可使进度提前15%～20%，节约成本10%～15%。我国也有类似的报道，如攀枝花钢铁公司在1000m² 高炉大修中，由于采用了这一管理技术，使原计划75天的任务缩短到54天完成，提前21天。对于大型复杂、头绪多、实践紧的项目，运用这项技术所取得的经济效果尤为显著。

10.1.2　网络计划技术的基础——网络图

网络图因其形状如网络而得名。它是一种表示一项工程或一个计划中各项工作或各道工序的先后、衔接关系和所需时间的图解模型。这种图解模型是从某项计划整体的、系统的观点出发，全面地统筹安排人、机、物，并考虑各项活动之间相互的内在逻辑关系而绘制的。

（1）网络图的基本组成

① 箭线　箭线又称箭杆，在网络中以"→"表示，它代表一个工序和该工序的施工方向。

如：$\dfrac{产品试制}{10月}$ → $\dfrac{挖土方}{5天}$ → $\dfrac{机床维修}{4h}$ →等等。箭杆上方写上工序名称，箭杆下方写上该工序所需持续时间，如产品试制需 10 个月，挖土需 5 天，机床维修需 4h。箭杆可长可短，箭杆长短与持续时间长短无关。箭杆可画直线、斜线或折线，但曲线仅用于草图。箭杆由箭头和箭尾组成。箭尾表示一项工序的开始，箭头表示一项工序的结束，箭杆的方向表示工作的进行方向。

箭杆对一个节点来说，可分为内向箭杆和外向箭杆两种，指向节点的箭杆是内向箭杆，由节点引出的箭杆称外向箭杆。如图 10-1 的④节点来说，节点前的是内向箭杆，从节点引出的为外向箭杆。

在网络图中，一项工程是由若干个表示工序的箭杆和节点（圆圈）所组成的网络图形，其中某个工序可以某箭杆代表，也可以某箭杆前后两个节点的号码来代表。如图 10-1 所示，B 工序也可称为②③工序，E 工序也可称为③⑤工序。

在网络图中，箭杆表示的工序都要消耗一定的时间，一般地讲，还要消耗一定的资源。凡占用一定时间的过程，都应作为一道工序来看待，如自然状态下冷却、油漆干燥等。

② 节点　节点又称结点、事件，就是两道或两道以上的工序之间的交接点。一个节点既表示前一道工序的结束，同时也代表后一道工序的开始。节点的持续时间为零。箭尾的节点也叫开始节点，箭头节点也叫结束节点。网络图的第一个节点叫起点节点，它意味着一项工程或任务的开始。最后一个节点叫终点节点，它意味着一项工程或任务的完成。其他节点叫中间节点。指向节点的工序叫内向工序，从节点外引的叫外向工序。如图 10-2 所示。

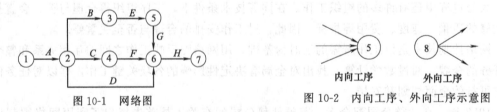

图 10-1　网络图　　　　图 10-2　内向工序、外向工序示意图

③ 虚箭杆　它表示一种虚作业或虚工序，是指作业时间为零的实际上并不存在的作业或工序。在网络图中引用虚箭杆后，可以明确地表明各项作业和工序之间的相互关系，消除模棱两可的现象。特别在运用电子计算机的情况下，如果不引用虚箭杆，就会产生模棱两可的现象，电子计算机便无法进行工作。如图 10-3 所示箭杆②→③既是养护工序又是搬砖工序，没有按原作业顺序要求把两者区别开来，

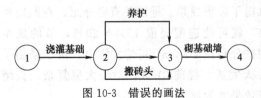

图 10-3　错误的画法

计算机也无法进行工作。正确的画法应增加一个节点，画一条虚箭杆予以区别，见图 10-4。

在网络图中，为了表现工序间的先后连接关系，经常要增添虚箭杆和节点，例如在 C 工序的前项是 A 工序，D 工序的前项是 A、B 两工序，则应画成图 10-5，在这里虚工序⑧→⑨起着连接 A 工序及 B 工序前后关系的作用。虚箭杆还用来隔开两项不相关的工作。

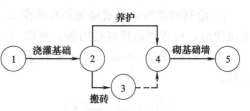

图 10-4 正确的画法

④ 线路　线路是指网络图中从起点节点顺箭头方向顺序通过一系列箭杆及节点最后到达终点节点的一条条通路。如在图 10-6 中共有①→②→③→④→⑤→⑥、→①→②→③→④→⑥、→①→②→③→⑤→⑥等等很多线路，其中用双线标注①→②→③→④→⑤→⑥称为关键线路。

综上所述，箭杆、节点和线路是构成网络图的三要素。

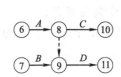

图 10-5 连接关系的画法

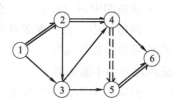

图 10-6 关键路线的画法

(2) 绘制网络图的基本规定

① 箭杆的使用规定　箭杆的使用规定如下。

a. 一支箭杆只能代表一道工序。如图 10-7 所示的画法是错的，因为①→②工序是 A 工序，④→⑤工序也是 A 工序，而一道工序只允许一支箭杆（如①→②）来表示。如是性质相同的工作，可分别用 A_1、A_2 来表示就正确了。因此正确的画法应为图 10-8 所示。

b. 一支箭杆的前后都要连接节点图。如图 10-9 的画法就是错的，绘图者的原意是想在支木模开始一定时间后，接着扎钢筋，但画法是错误的。正确的画法应该为图 10-10 所示。

c. 两个同样标编号的节点间不应有两个或两个以上的箭杆同时出现，如图 10-3 所示，应改为图 10-4。

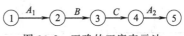

图 10-7 错误的工序表示法　　　　　图 10-8 正确的工序表示法

图 10-9 错误的连接关系画法

图 10-10 正确的连接关系画法

d. 箭杆方向只能向右、向上或向下，不得向左偏，如图 10-11 的画法是错误的。正确的画法应为图 10-12。

e. 不可形成循环回路。

f. 不可出现双箭头，也不可出现无箭头的线段。

g. 绘制网络图应尽量避免箭杆的交叉，如图10-13（a）应改为图10-13（b）。当交叉不可避免时，可采用搭桥或指向法，见图10-14。

以上使用规定 a～d 项也可概括为：一序一支箭，前后要连圈，圈间不同序，序向勿左偏。

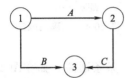

图 10-11　箭杆方向的错误画法

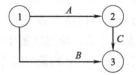

图 10-12　箭杆方向的正确画法

② 点的使用规定　节点的使用规定如下。

a. 在一个网络图中只允许有一个节点。

b. 在一个网络图中一般（除多目标网络外）只允许出现一个终点节点。

c. 节点编号均用数码编号，表示一项工作开始节点的编号应小于结束节点的编号，即始终要保证箭尾号小于箭头号。

d. 在一个网络图中不允许出现重复的节点编号。

e. 编号时可以从大到小、由左向右、先编箭尾、后编箭头地按顺序编号；也可采用非连续编号法，即跳着编，当中空出几个编号，这是为了在修改网络图过程中如果遇到节点有增减时，可以不打乱原编号。

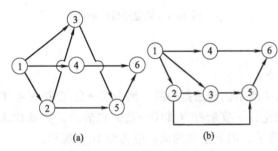

(a)　　　　　(b)

图 10-13　避免箭杆交叉的画法

f. 起点节点编号可从"1"开始，亦可从"0"开始。

g. 网络图中要尽量减少不必要的节点和虚箭杆。当某节点只有一条虚箭杆和只有一条外向虚箭杆时，这个节点就有可能是多余的。

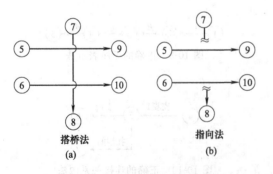

搭桥法
(a)　　　　　指向法
(b)

图 10-14　箭杆交叉的表示方法

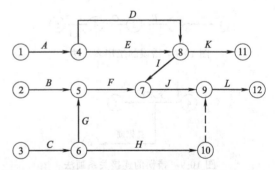

图 10-15　出现多种错误画法的网络图

根据上述的使用规定，检查一下图10-15就能发现很多画法上的错误。

a. 有①、②、③三个起点节点，按规定只允许有一个起点节点，因此要删除两个节点。

b. 有⑪、⑫两个终点节点，必须删除一个。

c. ④→⑧工序既是 D 工序，又是 E 工序，按规定两个节点圈之间只允许设一个工序，因此必须增设一个节点、一个虚箭杆；

d. G 工序的节点代号为⑥→⑤，违反节点编号从小到大的原则，应改⑤→⑥。

e. I 工序向左偏而且节点代号⑧→⑦也违反了节点编号从小到大的原则，应改为⑦→⑧。

f. ⑥→⑩→⑨线段不但⑩→⑨节点编号有错误，而且在⑥节点到⑨节点间既然除了 H 工序以外再没有其他工序，因此⑩节点⑩→⑨虚箭杆都可以精简。

根据以上改错结果，并重新编节点码，正确画法应为图 10-16 所示。

（3）本工序、紧前工序和紧后工序

例如某工序作为正在研究处理的工序，就叫它本工序，则在本工序之前的工序就称之为紧前工序，紧接在本工序之后的工序就叫紧后工序，如图 10-17 所示。为了编列数学模型和计算方便起见，一般用 ij 代表本工序，hi 代表紧前工序，jk 代表紧后工序。紧前、紧后工序的关系又是辩证转移的，如果 hi 工序当作本工序，则 ij 工序又是它的紧后工序；如果 jk 工序当作本工序，则 ij 工序就是它的紧前工序。紧前工序、紧后工序可能有很多条。在图 10-17 中 hi 和 $h'i$、jk 和 $j'k$ 都是平行工序。

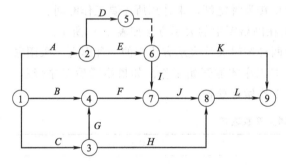

图 10-16　改正错误画法后的网络图

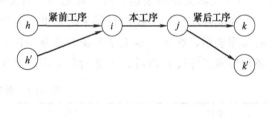

图 10-17　本工序、紧前工序、紧后工序示意图

（4）网络图的绘制

① 绘制网络图前的准备工作

a. 分工序。把一项工程或一个工序分解成若干个可以独立完成的工序（工作、作业），即为分工序。如捣制混凝土工程可以简单地分成立膜、扎钢筋、浇灌混凝土三道工序；设备检修可分成加工准备、设备解体、零部件清洗、焊接修理用支架零部件组装、支架拆除、总装配、加工机械拆离、调整试车等工序。

上述工序可根据管理范围大小而划分，编成一级、二级、三级网络。一级网络里面一个子项目可以成为二级网络中的总工程项目。例如某钢铁企业的扩建项目这个一级网络，可分成高炉系统，炼钢系统，焦化系统，耐火材料系统，轧钢系统，水、电、风、气等动力系统，机修加工系统，铁路公路运输系统，生活服务系统等子项目。高炉系统这个二级网络又可分为高炉本炉、热风炉、原料、冲渣、除尘环保、铸铁、运输、水电风气、计量、通信、生活服务等工程。在高炉本体工程这个三级网络中又可细分为基础、炉壳、炉砖、冷却水、煤气阀卷扬、称量车、布料装置、减速器、出铁、出渣等等工序，当然根据需要还可以细分下去。

　　b. 定关系。就是按照各工序作业活动的先后约束条件，确定它们内在的逻辑关系。逻辑关系是指工作进行时客观上存在的一种先后顺序关系，包括工艺上的关系和组织上的关系。

　　工艺关系是指由工艺所决定的各工作之间的先后顺序关系，这种关系是客观存在的，一般地说是不可变的，如做基础后才能砌筑墙体、砌砖后才能粉刷。

　　组织关系是指由于劳动力或机械等资源的组织与安排需要而形成的各工作之间的先后顺序关系，它是根据经济效益的需要人为安排的，故组织关系是可以改变的。如劳动、机具、材料等都是可增可减、可先可后的。

　　c. 定工时。定工时即把各项工作所需要的时间确定下来。工作时间的确定可以运用工时定装，也可参照经验统计，如没有工时定额，没有以往数据可供参考，则可以用三时估算法来计算。三时估算法的时间值

$$T=(a+4m+b)/6$$

式中　a——完成某道工序所需最短工作时间，又称最乐观时间；

　　　　b——完成某道工序所需最长工作时间，又称最悲观时间；

　　　　m——完成某道工序所需最可能工作时间。

　　订计划时，能够确切地说出某环节的完成时间，毕竟是少数，一般说来，非肯定型问题可能更常见些，三时估算法就是尽量将非肯定型转为肯定型，来计划所需要工作时间。

　　② 逻辑关系的表达方法　常见的逻辑关系在网络图中的表示方法如表 10-1 所示。

　　在实际应用中，我们只要采用紧前、紧后两种逻辑关系表示方法中的一种即可。采用紧前工序表示，必须为本工序准备好必备条件后本工序才能开始工作。如果用紧后工序表示，必须待本工序完成以后，才能为后工序的开始工作做好准备。

表 10-1　逻辑关系表达式

序号	逻辑关系	表达方法
1	A 工序完成后进行 B 工序 B 完成后进行 C	
2	A 完成后同时进行 B 和 C	
3	A 和 B 完成后进行 C	
4	A 和 B 同时完成后进行 C 和 D	
5	A 完成后进行 C A 和 B 都完成后进行 D	
6	AB 都完成后进行 D ABC 都完成后进行 E DE 都完成后进行 F	

续表

序号	逻辑关系	表达方法
7	A 完成后进行 DEF B 完成后进行 EF C 完成后进行 E	
8	A 完成后进行 D B 完成后进行 DE C 完成后进行 E	
9	A 完成后进行 CE B 完成后进行 DE	

10.1.3　网络图的时间参考计数

计算机网络计划的时间参数，是编制网络计划的重要步骤，可以说，网络计划如果不计算时间参数，就不是一个完整的网络计划。

（1）计算时间参数的目的

① 确定关键路线　网络图从起点节点顺着箭头方向顺序通过一系列的箭杆和节点，最后到达终点节点的一条条道路称为线路。关键线路就是网络图中最重要、需时最长的线路。关键线路上的工序叫做关键工序。关键线路的总长度所需时间叫做总工期，一般用方框"□"标在终点节点的右方。关键线路的工期决定整个工期的长短，它拖后一天，总工期就相应拖后一天；它提前一天，则总工期有可能提前一天。

关键线路最少必有一条，也可能是多条。一般来讲，安排的好的计划，往往出现有关零件同时完成，组成部件；有关部门同时完成，进行总装配的情况。这样，关键线路就不是一条了。愈好的计划，关键线路愈多，作领导的更要全面加强管理，否则一个环节脱节会影响全局。多条关键线路也可以作为劳动竞赛的依据。

关键线路在网络图上可以用带箭头的粗线、双线或红线表示。

② 确定非关键线路上的机动时间（或称浮动时间、富裕时间）　在一份网络图中，不是关键线路的线路称为非关键线路。非关键线路上的工序，由于前后工序及平行工序的作用，使得它被限制在某一时间之内必须完成，而当该工序的工作持续时间小于被限制的这段时间时，它就存在富裕时间（机动时间），其大小是一个差值，因此也被称为"时差"。时差只能是正值或者为零。

一项工程的网络图画出来之后，如果要想提前完成，则要想方设法压缩关键线路的工期。为达到此目的，要调动人力物力等资源，要么从外部调整，要么从内部调整。一般认为，从内部是比较经济的。从内部调，就是从非关键线路上调。调多少，则要看非关键线路上富裕时间的"富裕"程度，即时差有多少。

③ 时间参数计算时网络计划调整和优化的前提　通过时间参数的计算，可据以采用各种办法不断改进网络计划，使其达到在既定条件下可能达到的最好状态，以取得最佳的效

果。优化内容有时间优化、资源优化和工期优化等。

(2) 符号与计算公式

① 工作时间 t（或称持续时间 D）　工作时间可以用劳动定额或历史经验统计资料确定，在无定额或历史资料时也可用三时估算法确定。

时间单位可根据需要分别定为年、月、旬、周、天、班、小时、分等。

t_{ij} 表示本工序的持续时间；

t_{hi} 表示紧前工序的持续时间；

t_{jk} 表示紧后工序的持续时间。

② 最早可能开工时间（简称早开）ES

a. 定义：紧前工序全部完成、本工序可能开始的时间。

b. 公式：$ES_{ij} = \max(ES_{hi} + t_{ij})$。

计算早开，是由网络图中第一道工序开始，由箭尾顺着箭头方向依次顺序进行的，直至最后一道工序为止。紧前工序的最早完工时间就是本工序最早可能开工的时间，即 $EF_{hi} = ES_{ij}$。当有两个以上紧前工序时，取其最大值。

③ 最早可能完工时间（简称早完）EF

a. 定义：本工序最早可能完工的时间，也就是最早开始时间与持续时间之和。

b. 公式：$ES_{ij} = ES_{ij} + t_{ij}$。

④ 总工期 L_{cp} 或 PT

a. 定义：完成整个工作所需要的时间。在网络计划中，各条线路中所需时间最长的线路时间之和即为总工期。

b. 公式：$L_{cp} = \max EF_{hi}$。

⑤ 最迟必须完成工作时间（简称迟完）LF

a. 定义：在不影响完全工程如期完成的条件下，本工序最迟必须完成工作的时间。

b. 公式：$LF_{ij} = \min LS_{jk}$ 或 $LF_{ij} = LS_{ij} + t_{ij}$。

计算迟完，是由网络图的终点开始，由箭头往箭尾逆向依次顺序进行的，直至头一道工序为止。今后工序的最迟必须开工时间就是本工序最迟必须完成时间。当有两个以上紧后工序时，取其最小值。

⑥ 最迟必须开工时间（简称迟开）LS

a. 定义：在不影响全程如期完成的条件下，本工序最迟必须开工的时间。

b. 公式：$LS_{ij} = LF_{ij} - t_{ij}$。

因为本工序的最迟完等于今后工序的迟开，所以 $LS_{ij} = LS_{jk} - t_{ij}$，如有多个紧后工序，取多个紧后工序的最小值 $LS_{ij} = \min(LS_{jk} - t_{ij})$。

计算最早、最迟时间的方法可概述如下。

计算最早时间由左往右顺着计算，用加法，取大值。

计算最迟时间由右往左逆着计算，用减法，取小值。

⑦ 工序的总时差 TF

a. 定义：工序的总时差指一道工序所拥有的机动时间的极限值。一道工序的活动范围要受其紧前、紧后工序的约束。

它的极限范围是从其最早开始时间到最迟完成时间这段时间中，扣除本身作业必须占有的时间之外，所余下的时间。这段时间可以机动使用，它可以推迟开工或提前完工，如可能，也能继续施工或延长其作业时间，以节约人员和设备。

b. 公式：$TF_{ij} = LS_{ij} - ES_{ij}$

或 $TF_{ij} = LF_{ij} - EF_{ij}$

所以只要计算出工序的 ES、LS 或 EF、LF，就可以方便地运用上述公式计算总时差了。

⑧ 工序的自由时差 FF

a. 定义：自由时差是总时差的一部分，是指一道工序在不影响紧后工序最早开始前提下，可以灵活机动使用的时间，这时，工序活动的时间范围被限制在本身最开始时间与其紧后工序的最开始时间之间，从这段时间扣除本身的作业时间之后剩余的时间就是自由时差。

因为自由时差是总时差的构成部分，所以，总时差为零的工序，其自由时差也必然为零，一般地说，自由时差只可能存在于有多条内向箭杆的节点之前的工序之中。

b. 公式：$FF_{ij} = ES_{jk} - ES_{ij} - T_{ij}$

或 $FF_{ij} = ES_{jk} - EF_{ij}$

在图 10-18 中，A、B、C 有可能存在自由时差，也必然有总时差。

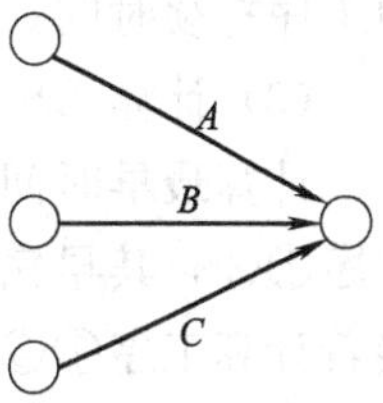

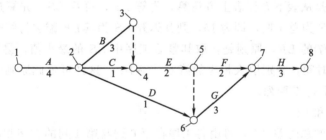

图 10-18 有可能存在自由时差的工序

10.1.4 表格计算法

当网络图比较复杂、工序较多、网络图幅较大时，常用表格计算时间参数。

例 10-1 某工程可绘成如图 10-19 所示的网络图，所以其为利用表格法计算时间参数。

图 10-19 某工程的网络图

(1) 画表格

画出一个 10 列表格，如表 10-2 所示，第 1、2 列是工序的箭尾结点和箭头节点编号。第 3 列是工序持续时间，第 4~9 各列分别是有关工序的时间参数，第 10 列是关键线路上的工序。

表 10-2 用表格计算法计算的时间参数

工作		作业时间	最早开始时间	最早结束时间	最迟开始时间	最迟结束时间	总时差	自由时差	关键路线
i①	j②	t_{ij}③	ES④	EF⑤	LS⑥	LF⑦	TF⑧	FF⑨	⑩
1	2	4	0	4	0	4	0	0	V
2	3	3	4	7	4	7	0	0	V
2	4	1	4	5	6	7	2	2	
2	6	1	4	5	8	9	4	4	
3	4	0	7	7	7	7	0	0	V
4	5	2	7	9	7	9	0	0	V

续表

工作		作业时间	最早开始时间	最早结束时间	最迟开始时间	最迟结束时间	总时差	自由时差	关键路线
5	6	0	9	9	9	9	0	0	√
5	7	2	9	11	10	12	1	1	
6	7	3	9	12	9	12	0	0	√
7	8	3	12	15	12	15	0	0	√

（2）填表格中的原始数据

按题意将网络图中的原始数据填入表格的 1～3 列，它们是工序的箭尾、箭头节点编号和工序持续时间。

（3）计算 ES 和 EF

计算最早时间是从表格上方往表下方运算，先算 ES，再算 EF。先算从起点节点引出工序①②，其早完 ES 为零，其早完 EF 就是它的持续时间 4，分别填入第 4 列和第 5 列。接着计算工序①②的紧后工序，②③、②④、②⑥的早开 ES，按照定义，原则是：取其紧前工序中早完 ES 的最大值，易知为 4，填入相应的第 4 列中，有了 ES，再加上该工序的持续时间即为其 EF 的值。这样可依此原则将其他各项工序的 ES 与 EF 填入第 4、5 两列。根据定义，所有工序中 EF 的最大者即为总工期，本机的总工期为 15。

（4）计算 LF 和 LS

计算最迟时间是从表下方往表上方运算，先算 LF，再算 LS。先算进入终点节点的工序⑦⑧，其迟完 LF 为总工期，即为 15，则其迟开 LS 为其 LF 减去持续时间，为 12。接着计算工序⑤⑦、⑥⑦的 LF，原则是：取其紧后工序中 LS 的最小值，易知为 12，而其 LS 为其 LF 减去持续时间，分别填入相应的第 6、7 列中。这样可依此原则将其他各项工序的 LF 与 LF，填入第 6、7 两列。

（5）计算 TF 和 FF

第 8 列是工序的总时差 TF，可由各工序在第 6 列与第 4 列的数字相减，或由第 7 列与第 5 列的数字相减得出。接着计算工序的自由时差 FF，凡总时差为零的工序，其自由时差必为零，可先将它们直接填入第 9 列中；其他工序的 FF 可以用其紧后工序的早开减去本工序早完 EF。如对②④工序，可以找由④号节点开头的工序早开 ES（为 7），减去②④工序的早完 EF（为 5），即得其 TF 为 2。若本工序与终点节点相连的工序，此时可用总工期（即紧后工序早开 ES）减去本工序的早完 EF。

（6）确定关键工序

在第 10 列中，将第 8 列 TF 为零的工序用符号"√"标明，它们便是关键线路的组成部分，在网络图上将带符号"√"的工序用双线标出，即得关键线路。

10.1.5　网络计划的调整与优化

在编制一项工程计划时，试图一下子达到十分完美的地步，一般来说是不可能的，初始网络的关键线路往往拖得很长，非关键线路上的富裕时间很多，网络松散，任务周期长，通常在初步网络计划方案制定以后需要根据工程任务的特点，再进行调整与优化，从系统工程的角度对时间、资金和人力等进行合理匹配，使之得到最佳的周期、最低的成本以及对资源最有效的利用的结果。

结合不同的要求，对网络进行优化的方案也各有不同，下面对几种常见的优化方法做一种简要介绍。

（1）工程进度的优化

在资源条件允许的条件下应尽量缩短工程进度，使之尽快投入使用，以提高经济效益，这里通常可供选择的技术、组织措施如下。

① 检查工作流程，去掉多余环节。

② 检查各工序工期，改变关键线路上的工作组织。

③ 把串联工序改为平行工序或交叉工序。

④ 调整资源或增加资源（人力、物力、财力）到关键线路上的关键工序上去。

⑤ 采取技术措施（如采用机械化，改进工艺，采用先进技术）和组织措施（如合理组织流程，实现流程优化）。

⑥ 利用时差，从非关键工序上，调用部分人力物力集中于关键工序，缩短关键工序的时间。

（2）成本优化

完成一个工序常常可以采用多种施工方法和组织方法，因此完成同一工序就会有不同的持续时间和成本（简称费用）。由于一项工程是由很多工序组成的，所以安排一项工程计划时，就可能出现多种方案，它们的总工期和总成本也因此有所不同，如何在诸方案中选择最优惠或较优方案，就是研究的范围，由于成本优化往往和工程密切相关，所以又称工期-成本优化或工期-费用优化。

工程的成本由直接费、间接费、赏罚费等构成。直接费由材料费、人工费、机械费等构成，由于采用的施工方案不同，其费用差异很大。间接费包括施工组织和经营管理的全部费用。赏罚费是在考虑工期总成本时考虑可能因拖延工期而罚款的损失或提前竣工而获得的奖励。

对于一个企业来说，不论缩短工期或延长工期，都要衡量利弊。要缩短工期，就要采取措施，如增加设备、增调人员、加班加点、夜间照明以及施工中的混凝土早强、雨季遮拦、冬季保暖等，就会引起直接费的增加，但由于工期缩短，也会带来管理费用、工资费用的减少，以及提早投产带来的经济效益。对一个企业来说，当然希望有利可得，这就要借助工期-成本优化这门技术来加以解决。它有助于合理安排工期，合理使用资金，降低成本开支，提高经济效益。

（3）资源优化

一个部门或单位在一定时间内所能提供的各种资源（劳动力、机械及材料）是有一定限度的，此外还有一个如何经济而有效地利用这些资源的问题。在资源计划安排时有两种情况：一种情况是网络计划需要资源受到限制，如果不增加资源数量（例如劳动力）有时也会使工期延长，或者不能进行（材料供应不及时）；另一种情况是在一定时间内如何安排各工序活动时间，使可供资源均衡地消耗。资源消耗是否平衡，将影响企业管理的经济效果。例如网络计划在某一时间内红砖消耗数量比平均数量高出 50％，为了满足计划进度，供应部门就得突击供应，将使大量红砖进入现场，不仅增加二次搬运费用而且会造成现场拥挤，影响文明施工，劳动部门也因瓦工需要量突然增多而感到调度困难，当瓦工数量不足时，就得突击赶工，加班加点，以致增加各项费用。这都将给企业带来不必要的经济损失。

资源优化的目的是，在资源有限条件下，寻求完成计划的最短工期，或者在工期规定条件下，力求资源均衡消耗。通常把这两方面的问题分别称为"资源有限，工期最短"和"工期固定，资源均衡"。

10.2　线性规划

10.2.1　线性规划的概念及作用

线性规划是合理利用、调配资源的一种应用数学方法。它的基本思路就是在满足一定的约束条件下，使预定的目标达到最优。它的研究内容可归纳为两个方面：一是系统的任务已定，如何合理策划，精细安排，用最少的资源（人力、物力、财力）去实现这个任务；二是资源的数量已定，如何合理利用、调配，使任务完成的最多。前者是求极小，后者是求极大。线性规划是在满足企业内、外部的条件下实现管理目标和极值（极小值和极大值）问题，就是要以尽少的资源输入来实现更多的社会需求的产品的产出。因此，线性规划是辅助企业"转轨"、"变型"的十分有利的工具，它在辅助企业经营决策、计划优化等方面具有重要的作用。线性规划是运筹学规划论的一个分支。它发展较早，理论上比较成熟，应用较广。20世纪30年代，线性规划从运输问题的研究开始，在二次大战中得到发展。现在已广泛地应用于国民经济的综合平衡、生产力的合理布局、最优计划与合理调度等问题，并取得了比较显著的经济效益。线性规划的广泛应用，除了其本身具有实用的特点之外，还由于线性规划模型的结构简单，比较容易被一般未具备高深数学基础、但熟悉业务的经营管理人员所掌握。它的解题方法，简单的可用手算，复杂的可借助于电子计算机的专用软件包，输入数据就能算出结果。

线性规划的研究与应用工作，我国开始于20世纪50年代初期，中国科学院数学所筹建了运筹室，最早应用在物资调运筹方面，在实际中取得了成果，在理论上提出了论证。目前，国内高等学校已将其列为运筹学中必选的课程内容之一，在实际应用方面也列入重点企业试点和研究项目之一。

10.2.2　线性规划模型的结构

企业是一个复杂的系统，要研究它必须将其抽象的形成模型。如果将系统内部因素的相互关系和它们活动的规律用数学的形式描述出来，就称之为数学模型。线性规划的模型决定于它的意义，线性规划的意义是：求一组变量的值，在满足一种约束条件下，求得目标函数的最优解。

根据这个意义，就可以确定线性规划模型的基本结构。

① 变量变量。又叫未知数，它是实际系统的未知因素，也是决策系统中的可控因素，一般称为决策变量，常引用英文字母加下角标来表示，如 X_1、X_2、X_3、X_{mn} 等。

② 目标函数。将实际系统的目标用数字形式表示出来，就成为目标函数，线性规划的目标函数是求系统目标的数值，即极大值，如产值极大值、利润极大值或者极小值，如成本极小值、费用极小值、损耗极小值等等。

③ 约束条件。约束条件是指实现系统目标的限制因素。它涉及到企业内部条件和外部环境的各个方面，如原材料供应、设备能力、计划指标、产品质量要求和市场销售状态等

等，这些因素都对模型的变量起约束作用，故称其为约束条件。

约束条件的数学表示形式分三种，即≥、＝、≤。线性规划的变量应为正值，因为变量在实际问题中所代表的均为实物，所以不能为负。在经济管理中线性规划使用较多的是下述几个方面的问题。

① 投资问题——确定有限投资额的最优分配，使得收益最大或者见效快。

② 计划安排问题——确定生产的品种和数量使得产值或利润最大，如资源配置问题。

③ 任务分配问题——分配不同的工作给各个对象（劳动力或机床），使产量最多效率最高，如生产安排问题。

④ 下料问题——如何下料，使得边角料损失最小。

⑤ 运输问题——在物资调运过程中，确定最经济的调运方案、

⑥ 库存问题——如何确定最佳库存量，做到既保证生产又节约资金等等。

应用线性规划建立数学模型的三步骤：

① 明确问题，确定问题，列出约束条件。

② 收集资料，建立模型。

③ 模型求解（最优解），进行优化后分析。

其中，最困难的是建立模型，而建立模型的关键是明确问题、确定目标，在建立模型过程中花时间、花精力最大的是收集资料。

10.2.3　线性规划的应用实例

例 10-2　某工厂甲、乙两种产品，每件甲产品要耗钢材 2kg，煤 2kg，产值为 120 元；每件乙产品要耗钢材 3kg，煤 1kg，产值为 100 元。现钢厂有钢材 600kg，煤 400kg。试确定甲、乙两种产品各生产多少件，才能使该厂的总产值最大？

解：设甲、乙两种产品的产量分别为 X_1、X_2，则总产值是 X_1、X_2 的函数

$$f(X_1, X_2) = 120X_1 + 100X_2$$

资源的多少是约束条件：由于钢的限制，应满足 $2X_1 + 3X_2 \leq 600$；由于煤的限制，应满足 $2X_1 + X_2 \leq 400$。综合上述表达式，得数学模型为

求最大值（目标函数）：$f(X_1, X_2) = 120X_1 + 100X_2$

$2X_1 + 3X_2 \leq 600$

$2X_1 + X_2 \leq 400$

$X_1 \geq 0$，$X_2 \geq 0$

X_1，X_2 为决策变量，解得 $X_1 \leq 150$ 件，$X_2 \leq 100$ 件

$$f_{max} = (120 \times 150 + 100 \times 100) 元 = 28000 元$$

故当甲产品生产 150 件、乙产品生产 100 件时产值最大，为 28000 元。

例 10-3　某工厂在计划期内要安排甲、乙两种产品。这些产品分别需要在 A、B、C、D 四种不同设备上加工。按工艺规定，产品甲和乙在各设备上所需加工台数列表于表 10-3 中。已知设备在计划期内的有效台时数分别是 12、8、16 和 12（一台设备工作 1h 称为一台时），该工厂每生产一件甲产品可得利润 20 元，每生产一件乙产品可得利润 30 元。问应如何安排生产计划，才能得到最多利润？

解：（1）建立数学模型

设 X_1，X_2 分别表示甲、乙产品的产量，则利润是 $f(X_1, X_2) = 20X_1 + 30X_2$，求最

大值。

设备的有效利用台时为约束条件：

$$A:2X_1+2X_2\leqslant12 \tag{1}$$

$$B:X_1+2X_2\leqslant8 \tag{2}$$

$$C:4X_1\leqslant16 \tag{3}$$

$$D:4X_2\leqslant12 \tag{4}$$

$$X_1\geqslant0 \quad X_2\geqslant0$$

表 10-3　产品甲和乙在各设备上所需加工台数

产品 ＼ 设备	A	B	C	D
甲	2	1	4	0
乙	2	2	0	4

（2）求解未知数

$X_1\leqslant4$、$X_2\leqslant3$，但由式（1）、式（2）得 $X_1\leqslant4$、$X_2\leqslant2$，所以取 $X_1\leqslant4$、$X_2\leqslant2$，故

$$f_{\max}=(20\times4+30\times2)元=140\ 元$$

结论：在计划期内，安排生产甲产品 4 件、乙产品 2 件，可得到最多的利润 140 元。

例 10-4　某工厂为维修全厂某类设备制造备件，需由一批 5.5m 长的相同直径圆钢截取 3.1m、2.1m、1.2m 的坯料。每台设备所需的件数如表 10-4 所示。用 5.5m 长的圆钢截取上述三种规格的零件时，有表 10-5 所列五种截取方式可供选择。问当设备总数为 100 台时，采取何种方案可使 5.5m 的圆钢用料最省？

表 10-4　每台设备所需的件数

规格/m	每台设备所需件数
3.1	1
2.1	2
1.2	4

表 10-5　五种截取方法

方案	截取 3.1m 的根数	截取 2.1m 的根数	截取 1.2m 的根数	所剩料头/m
1	1	1	0	0.3
2	1	0	2	0
3	0	2	1	0.1
4	0	1	2	1
5	0	0	4	0.7

假设：

按第一种方案截取的 5.5m 的圆钢数为 X_1

按第二种方案截取的 5.5m 的圆钢数为 X_2

按第三种方案截取的 5.5m 的圆钢数为 X_3

按第四种方案截取的 5.5m 的圆钢数为 X_4

按第五种方案截取的 5.5m 的圆钢数为 X_5

据此列表 10-6：

表 10-6 各方案的根数

方案	3.1 的根数	2.1m 的根数	1.2m 的根数
1	X_1	X_1	0
2	X_2	0	$2X_2$
3	0	$2X_2$	X_3
4	0	X_4	$2X_4$
5	0	0	$4X_5$

因为设备总台数为 100 台，所以按各种方案截取的零件数必须满足下列约束条件：

$X_1+X_2=100$

$X_2+2X_3+X_4=200$

$2X_2+X_3+2X_4+4X_5=200$

$X_1,X_2,X_3,X_4\geqslant0$　　$X_1,X_2,X_3,X_4\geqslant0$

目标函数为 $f_{\min}=X_1+X_2+X_3+X_4+X_5$

通过计算机最优解为 $X_1=0$，$X_2=100$，$X_3=100$，$X_4=0$，$X_5=25$，即最优惠（最省方案）为 $f_{\min}=225$ 根。

10.2.4 线性规划问题的图解法

对于只有两变量的线性规划问题，可以用图解法求最优解，其特点是过程清楚、图形清晰。

例 10-5 设有一线性规划问题表达式（包括目标函数、约束条件）如下

$$f_{\min}=50X_1+40X_2 \tag{1}$$
$$X_1+X_2\leqslant450 \tag{2}$$
$$2X_1+X_2\leqslant800 \tag{3}$$
$$X_1+3X_2\leqslant900 \tag{4}$$
$$X_1,X_2\geqslant0 \tag{5}$$

以 X_1+X_2 为坐标，当式（1）为等式，即 $X_1+X_2=450$ 时，在 X_1、X_2 坐标系，它是一条直线；但式（1）不是等式，而是 $X_1+X_2\leqslant450$，即在式（1）表示的约束条件中给定的不仅是在直线上的所有点，而是在直线 $X_1+X_2=450$ 左下部一个广大的区域（包括直线在内的阴影线部分），见图 10-20，例如 $X_1=0$、$X_2=0$，$X_1=-5$、$X_2=0$，$X_1=3$、$X_2=-3$ 等等，都是满足式（1）的点。

同理，也可以在 X_1、X_2 坐标系中画出式（2）～式（4）所决定的 4 条直线，连同式（1），共 5 条直线，如图 10-21所示。

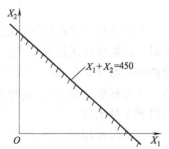

图 10-20 某线形规划问题

由图 10-21 所示的 5 条直线所围成的一个凸多边形，就是约束条件给定的区域，其中所有的点都满足约束条件要求，实际上，它表示有个凸多边形内无数多个点所围成的集合，称为凸集。那么，怎样从无穷多中求出是目标函数值最大的点呢？

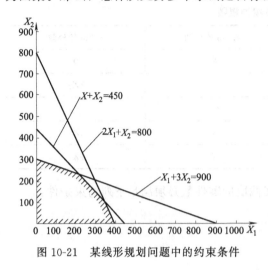

图 10-21　某线形规划问题中的约束条件

解：由于目标函数 $f = 50X_1 + 40X_2$，在 f 为一定值时也是一条直线，其斜率为 $\dfrac{-40}{50}$。

当 f 为不同值时，在 X_1、X_2 坐标系中实际上是一系列的平行线，则尽管在每一条直线上 X_1、X_2 取不同值，f 总是某一定值，例如图 10-22 中直线 I，当 $X_1 = 0$，$X_2 = 0$ 时 $f = 0$；因此称直线 I 为 f 的某一等直线（此处为零）。

由于直线 I 是等值线，而且斜率相等，它们又是一系列平行线，因此只要画出其中任意的一条线，将它们平移到某个凸集相交的极限位置，所得的焦点就是既满足约束条件（在凸集范围内）又使 f 值为最大的一个最优解。如图 10-23 中的点，$X_1 = 350$，$X_2 = 100$，$f = 21500$。

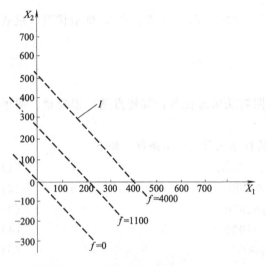

图 10-22　目标函数 f 的等值线

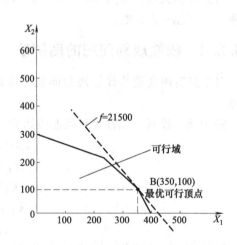

图 10-23　某线性规划问题的最优解

上面介绍的图解法虽然简单直观，但只有在变量为两个的情况下才能实现；当变量数增多时，图解法就无法满足了。这时，就要用解析计算的方法来求解。其基本思路是：根据问题的标准型（等价地把不等式改成等式），从可行域中一个基本可行解（顶点）开始转换到另一个可行解（顶点）。这种过程叫"迭代"，每迭代一次都使目标函数达到最大值时，问题就得到了最优解。

在实际应用中，即使有了线性规划求解方法，仍不能应付复杂情况的求解，如以一个有 77 个变量、9 个约束条件的线性规划问题为例，用解析计算进行手工计算约需 120 工作小时，这样大的计算量必须借助于计算机来完成（该题用计算机求解仅需 12min）。

思考题

10-1　修改错误，将下图画成正确的网络图。

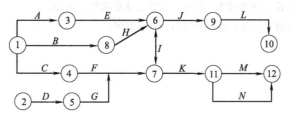

10-2　删除下图的多余节点。

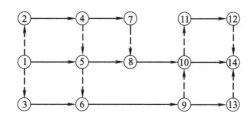

参 考 文 献

［1］ 郁君平. 设备管理. 北京：机械工业出版社，2006.

［2］ 李葆文. 设备管理新思维模式. 北京：机械工业出版社，2010.

［3］ 荆冰，陈超. 现代企业生产管理. 北京：北京理工大学出版社，2000.

［4］ 王凯. 管理学基础. 南京：河海大学出版社，1999.

［5］ 邵泽波，陈庆. 机电设备管理技术. 北京：化学工业出版社，2013.

［6］ 王方华. 现代企业管理. 上海：复旦大学出版社，1996.